信息科学技术学术著作丛书

冗余流量测量及特性分析

邢　玲　著

科 学 出 版 社

北　京

内 容 简 介

本书针对冗余流量导致的网络服务质量低效问题，提出冗余流量测量及特性分析方法，试图通过对真实网络冗余流量的识别、测量和分析来深入了解冗余流量生成和演化过程，从而优化网络资源、提高网络共享效率。全书共 7 章，系统地介绍冗余流量从流量测量、跟踪识别、特性分析到冗余流量消除各个环节的相关技术和方法。第 1 章介绍冗余流量的发现和研究现状。第 2 和 3 章介绍冗余流量的测量方法和动态跟踪识别方法。第 4 和 5 章分别从自相似性和时间序列角度出发，介绍冗余流量的特性。第 6 章介绍冗余流量演化模型及演化机制。第 7 章介绍冗余流量消除系统模型和相关方法。

本书可作为高等院校通信、物联网、计算机等专业研究生和高年级本科生的学习用书，也可以作为相关科研人员和实践工作者的参考书。

图书在版编目（CIP）数据

冗余流量测量及特性分析 / 邢玲著. -- 北京 : 科学出版社, 2025. 3.
（信息科学技术学术著作丛书）. -- ISBN 978-7-03-080517-1

Ⅰ. TP393.06

中国国家版本馆CIP数据核字第2024W4394G号

责任编辑：孙伯元　郭　媛 / 责任校对：崔向琳
责任印制：师艳茹 / 封面设计：无极书装

科学出版社 出版
北京东黄城根北街 16 号
邮政编码: 100717
http://www.sciencep.com
北京九州迅驰传媒文化有限公司印刷
科学出版社发行　各地新华书店经销
*
2025 年 3 月第　一　版　开本：720 × 1000　1/16
2025 年 3 月第一次印刷　印张：11 3/4
字数：237 000

定价：120.00 元

“信息科学技术学术著作丛书”序

21 世纪是信息科学技术发生深刻变革的时代，一场以网络科学、高性能计算和仿真、智能科学、计算思维为特征的信息科学革命正在兴起。信息科学技术正在逐步融入各个应用领域并与生物、纳米、认知等交织在一起，悄然改变着我们的生活方式。信息科学技术已经成为人类社会进步过程中发展最快、交叉渗透性最强、应用面最广的关键技术。

如何进一步推动我国信息科学技术的研究与发展？如何将信息科学技术发展的新理论、新方法与研究成果转化为社会发展的推动力？如何抓住信息科学技术深刻发展变革的机遇，提升我国自主创新和可持续发展的能力？这些问题的解答都离不开我国科技工作者和工程技术人员的求索和艰辛付出。为这些科技工作者和工程技术人员提供一个良好的出版环境和平台，将这些科技成就迅速转化为智力成果，将对我国信息科学技术的发展起到重要的推动作用。

“信息科学技术学术著作丛书”是科学出版社在广泛征求专家意见的基础上，经过长期考察、反复论证之后组织出版的。这套丛书旨在传播网络科学和未来网络技术，微电子、光电子和量子信息技术、超级计算机、软件和信息存储技术，数据知识化和基于知识处理的未来信息服务业、低成本信息化和用信息技术提升传统产业，智能与认知科学、生物信息学、社会信息学等前沿交叉科学，信息科学基础理论，信息安全等几个未来信息科学技术重点发展领域的优秀科研成果。丛书力争起点高、内容新、导向性强，具有一定的原创性，体现出科学出版社“高层次、高水平、高质量”的特色和“严肃、严密、严格”的优良作风。

希望这套丛书的出版，能为我国信息科学技术的发展、创新和突破带来一些启迪和帮助。同时，欢迎广大读者提出好的建议，以促进和完善丛书的出版工作。

中国工程院院士

原中国科学院计算技术研究所所长

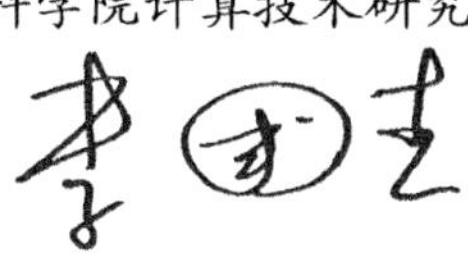

前　　言

现今互联网规模和多元化应用不断发展，这对网络性能和服务质量的要求越来越高。互联网复杂的动态特性可以通过网络所承载的网络流量来充分反映，所以网络流量的测量及特性分析显得尤为重要。冗余流量是指在特定的网络通信链路中，在一定时间范围内重复传输相同数据字节而产生的网络流量。冗余流量的传输不仅消耗了网络带宽，加剧了网络拥塞，更降低了互联网信息共享效率。因此，冗余流量的精确测量、跟踪识别、特性分析，以及冗余流量消除等相关技术已经成为互联网流量分析领域广泛关注的课题。

近年来，作者带领课题组从事冗余流量相关技术的研究工作，希望通过本书对这些年的科研工作进行阶段性梳理和总结。首先对冗余流量的发现、概念及特性分析等相关技术进行介绍并对研究现状进行综述。在冗余流量测量的部分，针对冗余流量的分布特点，研究基于 PF_RING 技术和 Linux 平台的高速数据包采集工具，实现网络流量测量节点双向数据包采集的快速匹配，确保测量分析样本的完整性和有效性；研究基于均匀采样的冗余流量动态跟踪识别方法，基于“先进先出”的老化机制和特征指纹索引指针迭代更新方法，捕捉高频冗余字节分块的动态特征，提高冗余流量测量效率。在冗余流量特性分析的部分，通过实验发现冗余流量较一般网络流量具有更强的尖峰和重尾特性；为了刻画冗余流量在小时间尺度下的局部特性，提出柯西-拉普拉斯小波模型及其参数估计算法，通过概率比较方法获取小波系数和尺度系数的比例参数阈值，界定两种不同分布的参数范围。在冗余流量演化模型及演化机制的部分，建立随时间演化的加权二分网络模型，模型中的用户节点和资源节点分别表示二分网络两种不同类型的对象，两类节点之间不同数值的边权集合表示网络中的冗余流量；针对真实网络的拓扑结构和动力学特征，引入了边权的概念，刻画网络节点间相互作用强度的差异，从而更真实、详尽地描述实际的复杂网络系统。在冗余流量消除方法的部分，提出基于滑动窗口分块的冗余流量检测方法，解决冗余数据包中比特偏移的问题；提出基于分组特性的冗余流量消除模型，构建基于分组特性的网络冗余流量消除算法，利用滑动窗口寻找数据块的分界点，对两个分界点间载荷分块进行指纹计算。

本书以课题组相关研究成果为基础，全书共 7 章，分为四大部分。第一部分为概念篇，包括第 1 章，介绍冗余流量的相关概念和研究现状。第二部分为技术篇，包括第 2～5 章，其中第 2 和 3 章分别介绍冗余流量的测量方法和动态跟踪识别方法；第 4 和 5 章分别在测量数据基础上对冗余流量的数据特性进行自相似性和时间序列分析。第三部分为模型篇，包括第 6 章，介绍冗余流量演化模型和相变过程。第四部分为应用篇，包括第 7 章，介绍冗余流量消除模型和相关方法，为冗余流量消除的缓存管理、资源优化提供理论基础。

在本书撰写过程中，中国工程院李幼平院士给予了指导和关注，同时相关研究得到了河南科技大学吴红海博士、马华红博士、张晓辉博士，西南科技大学马强博士、张琦博士等的大力支持，在此对他们表示衷心感谢。此外，本书也凝聚了课题组硕士研究生杨国海、赵伟、魏立、郑鸿等的研究工作和相关成果，赵鹏程、崔晶晶、罗兆乘、安林阳、王季敏、苗雨宁对本书排版、文字校对以及图表规范等进行了大量细致的工作，在此一并表示感谢。

限于作者水平，书中难免存在不足之处，欢迎广大读者提出宝贵意见。

目　　录

第 1 章　冗余流量概述

随着互联网技术和应用的高速发展，文件共享、视频分发、娱乐游戏、网页浏览等网络应用呈现持续高速增长的趋势。中国互联网络信息中心（China Internet Network Information Center，CNNIC）的第 53 次《中国互联网络发展状况统计报告》显示，截至 2023 年 12 月，全国网民规模达到 10.92 亿人，较 2022 年 12 月新增网民 2480 万人，互联网普及率达 77.5%[1]。随着网络用户逐渐增加，网络流量大幅增加。当信息共享用户与共享内容达到网络所能承载的峰值数量时，单一的信息交换机制必然给网络带来冗余流量。此外，互联网用户行为的大规模聚集特性致使网络流量严重失衡，同样导致海量冗余流量大规模生成。因此，网络冗余流量的测量和特性研究成为十分重要的科学问题。

1.1　冗余流量的发现

网络冗余流量源于互联网的无尺度特性，又称为无标度特性。无尺度网络（scale-free network，SFN）作为一类广泛存在于自然和社会系统中的网络模型，由 Barabási 等[2]在 1999 年提出：随着网络应用的广泛普及，互联网社交与信息交互改变了网络的数学模型。其核心特征在于网络节点的连接度服从幂律分布（power law distribution，PLD），幂律分布数学表达式为 $p(k) \propto k^{-r}$，其中，k 是节点连接度，$p(k)$ 是节点连接度为 k 的概率。幂律分布广泛存在于物理学、生物学、社会学、经济学等众多学科领域中，也存在于互联网、社交网络等复杂网络中。在这种结构下，大部分节点仅维持少量连接（普通节点），而少数中心节点（枢纽节点）拥有超常规的连接数量。这种度分布的拓扑特性使互联网演化出新的行为模式：海量网络信息通过枢纽节点进行集中传输，导致热门网站在每个时间段面临巨量访问请求，当信息传输规模达到临界值时，单一交换机制必然产生重复数据传递。这种因特定链路重复传输相同数据而造成的带宽消耗现象，即为网络冗余流量[3]。

威斯康星大学的 Anand 等[4]研究企业网络主干链路流量组成时，发现平均冗余流量比例上升至 20%，而在输出方向，平均冗余流量比例达到 50%。这种低效传输主要源于网络访问的双重局部性特征。①时间局部性：用户以前访问过的网络对象被再次访问的概率较高，即如果网络对象距离用户上一次访问的时间间隔越短，那么它越有可能在不久的将来被再一次访问。也就是说，一旦存储器位置或网络资源在程序执行或网络通信中被访问过一次，那么它在未来可能会被频繁访问。②空间局部性：在用户访问过程中，与当前被访问的网络对象物理位置越接近的对象，越有可能被再次访问。网络用户访问过程中通常会涉及一些紧密相关的用户或者资源。因此，如果一个网络对象被访问，那么附近的位置或相关对象也有很大可能在将来的某段时间内被访问。

1.2　冗余流量测量研究现状

随着网络应用的发展越来越多样化，用户对网络使用体验和带宽需求的要求也不断提高，这导致互联网运营商和用户之间的带宽资源供需矛盾逐渐显现。同时，随着对网络拓扑结构研究的不断深入，人们逐渐认识到特定链路上相同数据资源的重复传输会给网络带宽的有效利用带来负面影响。虽然早期尚未明确提出冗余流量的概念，但是在某些特定的网络应用协议范围内对网络通信过程进行优化，提高自身对网络带宽资源的利用率已经成为网络流量工程研究中的普遍实践。例如，一种低带宽网络文件系统利用不同文件间或同一文件不同版本间的相似性，避免重复传输相同的字节内容，达到节省带宽资源的目的[5]。另外，在超文本传送协议(hypertext transfer protocol，HTTP)中，应用 Web 缓存技术[6]和 Gzip(GNU zip，一种文件压缩程序)技术[7]，能够实现在不影响用户体验效果的前提下，降低网络冗余流量的重复传输。

Spring 等[8]指出，尽管 Web 缓存技术得到了广泛应用，但仍然可以在生成的业务流量中检测到大量冗余信息。在测量过程中，文献[9]提出的识别方法借鉴了 Manber 在文件相似性分析中选择部分信息指纹集来标识文件属性的思想。在此基础上，文献[10]使用了 Rabin 多项式指纹技术，以 32bit 为块大小来计算连续分块的信息指纹。文献[11]对这些信息指纹集执行模运算，提取余数为 0 的指纹，作为采样特征指纹，也称为模幂运算(modular exponentiation，MODP)识别方法。随后，文献[12]将 IP 主机的数量作为划分标准，进一步研究了小规模、中规模和大规模网络流量来证实冗余流量存在的真实性。然而，MODP 识别方法在采样过程中对全局属性有较强的依赖性，可能存在零采样的缺陷。为了解决这一问题，基于文献[13]关于文件指纹采样的 Winnow 算法思想，以及文献[14]提出的一种块压缩技术，该技术采用本地最大值选择法对特征指纹进行采样，提出了优化数据传输和存储的方法，确保了特征指纹采样结果能够均匀分布在采样窗口内。文献[15]提出了一种基于拟态安全技术的异构冗余流量检测系统，建立了若干种数据安全检测方式对各个数据源的流量进行审核，采用多个异构单元处理审核的数据流量。文献[16]基于蚁群算法设计了一种全新的通信网络流量分析方法，生成网络流量分析模型对冗余流量进行挖掘。文献[17]提出了一种将随机森林和长短期记忆网络结合的流量异常识别与检测方法，使用随机森林算法计算流量特征的重要度评分，筛选出重要特征，并剔除冗余流量特征。

随着移动终端设备的不断兴起，移动网络带宽资源需求日益增长，提高无线带宽资源利用率意义重大。大量的冗余流量产生于相同的源 IP 主机和目的 IP 主机建立的通信会话过程。通常在处理能力和内存资源相对有限的移动终端设备上应用字节采样(SAMPLEBYTE)技术来识别冗余流量。SAMPLEBYTE 利用 256 个不同字符的子集作为采样起点，完成一次采样后跳过采样块大小的一半以避免过采样。SAMPLEBYTE 的查找表基于统计的训练方法生成，按一定的采样率从已采样流量中筛选冗余字节分块首字符出现频率高的字符集建立查找表。这种方法在采样过程中接近线速采样，但是也存在不足，即查找表设定后无法动态调整，不能很好地反映冗余流量的动态属性。针对这一不足，出现了一种改进的动态采样(DYNABYTE)技术，在采样过程中统计冗余字节分块的单字节字符出现频率，基于统计信息动态调整查找表中的有效字符集。在一定程度上，DYNABYTE 较 SAMPLEBYTE 能够更好地反映冗余流量的动态属性。但是这种基于冗余字节分块中单字节字符出现频率统计信息的查找表更新方法对整个字节分组缺乏代表性。

在冗余流量测量的指纹选择算法方面，文献[18]指出冗余字节分块与缓冲区存储的字节分块具有相同的源和目的 IP 对，设计了贪婪指纹选择算法，用于识别端到端传输数据中的冗余流量。其设计思想依据两个数据包字节分组中匹配字节分块前后相邻片段也可能相同的假设，在采样过程中以贪婪方式采样匹配字节分块前后邻接字节分块的信息指纹作为采样特征指纹。文献[19]基于数据流的动态特征，提出了一种基于移动指针的数据流冗余流量消除算法。实验数据显示，该算法与已有算法相比提高了冗余流量识别的准确率。文献[20]提出了一种动态查找表方法，通过统计不同字符开头字节分块的冗余率，在确保一定采样率的前提下，选择冗余率较高的字符建立查找表进行冗余流量识别。

除此之外，以 Citrix、F5 Networks 和 DiviNetworks 为代表的一些网络设备制造商同样关注网络冗余流量问题，并在各自的广域网优化方案中提出了消除冗余流量的中间盒技术。其中，DiviNetworks 指出其产品可通过消除网络冗余流量，逻辑上实现 20%～50%的链路扩容。可见，冗余流量的测量已不仅仅是学术研究，也逐渐关系到网络设备制造商的经济利益。测量和定量分析网络冗余流量对于冗余流量消除的不同解决方案具有重要理论和实用价值。

1.3 冗余流量特性分析研究现状

无论新一代网络系统的研究、网络异常行为的发现，还是网络攻击的防御，都必须对网络流量的特性进行深入分析。随着互联网技术的发展，网络流量特性不断呈现出新的特点。网络流量特性在网络设计和性能分析中是需要重点考虑的因素，对网络协议设计、性能优化和网络设备研究等方面起着至关重要的作用。同时，网络流量的特性也会随时间段的变化而有所不同，但长时间的研究表明，网络流量依然具有一些显著的共性。本节将从自相似性、复杂性和时序性这三个维度对冗余流量的特性进行深入分析，有助于更好地理解网络流量的本质，为网络设计、异常检测和安全防御提供重要的参考和指导。

1.3.1 流量特性的自相似性研究

网络流量特性在互联网技术的发展中不断呈现新的特点。网络流量特性是网络设计和性能分析中需要着重考虑的因素，在网络协议设计、性能优化和网络设备研究等方面起到至关重要的作用。因此，网络流量模型的研究长期以来得到计算机网络研究人员的高度关注。早在 20 世纪 80 年代末期到 90 年代初期，Leland 等[21]通过某研究中心的以太网段数据包统计分析发现，局域网环境的网络流量在大部分时间尺度内呈现出自相似性。后来，Paxson 等[22]通过对万维网的网络流量数据进行测试，证实广域网的流量数据同样具有自相似性。在以上学者开创性研究的基础上，很多学者在网络流量自相似性领域开展了更加深入的研究。研究者对异步传输模式(asynchronous transfer mode，ATM)网络中的视频流量数据进行了检测，验证了视频流量的自相似性[23]。基于回声状态的网络流量预测策略，通过计算网络流量时间序列中的 Hurst 指数，证明了网络流量数据的自相似性[24]。Faizullin 等[25]针对多模态负二项式分布和赖斯分布的网络流量完成统计分析，采用重标极差分析法对网络自相似性进行了多层次验证。同时，还有研究人员对不同无线网络中的流量自相似性展开深入研究，文献[26]利用流媒体的无线网络自相似性构建了无线网络流媒体 ON/OFF 模型，仿真结果证明了自相似流的存在。此外，有研究者采用自组织无线网络的通信数据进行了测试和分析，发现其同样存在冗余流量自相似性[27]。在此基础上，通过对网络带宽中时延、分组等网络性能进行分析，评估计算了网络流量的自相似性[28]。文献[29]采用状态-动作(state-action，SA)检测器对软件定义网络(software defined network，SDN)下的 OpenFlow 流量进行挖掘，验证了 SDN 环境中的流量自相似性。综上所述，通过对大量流量数据进行深度分析，研究人员发现，互联网的网络流量数据在大部分时间尺度范围内都呈现出自相似性。现阶段研究网络流量自相似性的方法主要分为以下两类：第一类是基于网络流量数据的建模，利用相关的统计学理论，对实际测量数据进行分析和预测，验证其自相似性；第二类是基于物理模型的建模，它主要依赖网络机制的相关设定。目前，常用的自相似性模型主要包括分形高斯噪声(fractal Gaussian noise, FGN)模型、分形布朗运动(fractal Brown motion, FBM)模型、分形自回归移动平均(fractal autoregressive moving average, FARMA)模型以及 ON/OFF 模型等。这些常用相关模型具有各自不同的网络流量特性。

(1) FGN/FBM 模型具有容易处理、结构简单、能够实时仿真等特点。但是，该模型对高斯信号较为敏感，难以处理非高斯信号[30]。在模型中，自相似性的计算量较大，且难以找到不重复的数据片段作为候选数据，对相似性评估结果造成一定影响。同时，该模型具有严格的自相似性，不能很好地描述网络业务的短程相关性。

(2) FARMA 模型最初由 Granger 等[31]提出，是一种渐近二阶自相似过程。FARMA 模型只需要 Hurst 指数 H、流量平均到达率 m 和流量方差 a 三个参数即可精准地刻画单一 Hurst 指数的自相似过程，对网络视频流量具有很好的建模性能。FARMA 模型在非结构化数据中能够建模长程相关和短程相关随机过程，具有较好的灵活性，但该模型参数多、结构复杂、计算量大，难以满足实时性的要求。

(3) ON/OFF 模型是一种具有明确物理含义的自相似、长程相关流量模型。能够用数学理论表征自相似通信量的统计学特性。可以获取多服务器队列的数值分析，并将复杂聚合流量细化到每个信号源。然而，由于该模型需要事先假设相关参量，不符合实际网络流量测量情况，因此不适用于描述网络模型细节。

(4) Alpha 稳定分布(alpha-stable distribution，ASD)模型能够灵活地描述自相似网络流量的统计特性[32]。根据中心极限定理，无穷多个独立同分布的随机变量之和在具有有限方差的情况下趋近于正态分布，而在具有无限方差的情况下则收敛于具有无限方差的 Alpha 稳定分布。然而，Alpha 稳定分布缺乏表示闭式概率密度的式子，给实际的应用和理论分析带来了困难。

自相似网络流量模型能够较好地描述网络流量的长期特性，但无法充分表达其细微特征。文献[33]基于广域网流量汇聚的尺度分析，发现网络流量在较大时间尺度下表现出渐近自相似性，而在小时间尺度下表现出局部奇异性。网络流量的多尺度行为使得其流量特性变得更为复杂，因此采用多分形描述能更好地解决这个问题。基于乘法模型的多分形是常用方法之一，而多分形小波模型(multi-fractal wavelet model，MWM)是乘法模型中的一种，它能够实现在短时间尺度下的局部网络流量特性分析[34-37]。乘法模型的网络物理意义明显，传输控制协议/因特网互联协议(transmission control protocol/internet protocol，TCP/IP)工作方式相互关联。多分形小波模型基于小波分析，该模型表述长程相关和短程相关的网络流量，同时能够对小时间尺度情况下的实际网络流量的多分形特性进行精确描述，因此在流量预测上具有很好的应用前景。

在网络流量模型的分析方面，长程相关性和自相似性 Hurst 指数的研究是当前网络流量模型的主要方向，由于模型的准确度和复杂度相互制约，所以在小时间尺度下表现出局部奇异性的研究仍然处于发展阶段。为了全面描述网络流量的各种特性，简单模型无法提供足够深度的分析。因此，在对网络流量进行特性分析时，需要根据特定的测试场景和测试需求选择合适的模型。本书考虑到网络流量的复杂性和多样性，灵活运用不同的模型有助于更全面地理解网络行为、优化网络性能，并为网络设计和管理提供科学依据。

1.3.2　流量特性的复杂性研究

流量特性的复杂性研究来自复杂网络。在 1736 年，瑞士数学家 Euler 对著名的七桥问题进行了深度分析。这一研究奠定了图论学科的理论基础，同时为复杂网络的研究与兴起提供了相应的支撑。在 20 世纪 60 年代，匈牙利数学家 Erdos 和 Renyi 提出了随机图论，这标志着复杂网络研究进入了第一个重要发展阶段；在 20 世纪末，Watts 等[38]提出了小世界网络模型。Barabási 等[2]提出的无尺度网络模型是复杂网络研究的另一个重要里程碑。

在现实世界中，我们可以轻易地发现多种不同类型的网络，如航空网、局域网、广域网、社交网络、自媒体网络等。随着国内外学者对这些复杂网络的深入探究，通过对真实网络特征数据的统计分析，挖掘出众多网络特性，如小世界特性和无尺度特性等。小世界特性指的是在一个网络中，大多数网络节点均为间接连接，但是节点间能够通过少数几步互达[39,40]。复杂网络的小世界特性是规则网络和随机网络的中间产物。对于规则网络，任意两个节点(个体)之间的平均路径长度长，但聚类系数大；对于随机网络，任意两个节点之间的平均路径长度短，但聚类系数较小。小世界网络的平均路径长度较短，接近随机网络，同时聚类系数较大，接近规则网络。小世界特性表现在度的分布上，其度分布区间非常狭窄，大多数节点都集中在节点度均值$<k>$的附近，说明节点具有同质性。因此，$<k>$可以看作节点度的一个特征尺度。在节点度服从幂律分布的网络中，大多数节点的度都很小，少数节点的度很大，说明节点具有异质性。当特征尺度消失后，即形成网络的无尺度特性。互联网就是一个典型的无尺度网络结构，海量用户仅连接少数的网站和其他邻居用户，该特性使无尺度网络对随机故障具有较强的鲁棒性[41]。小世界特性和无尺度特性推动了复杂网络科学的发展。复杂网络结构的复杂性、动力学特性的多样性，使复杂网络成为描述真实系统复杂性的理想模型。本书为深入理解和研究真实世界网络提供了重要的理论基础。

互联网是一个经典的复杂网络，用户在其中重复访问网络资源，会导致大量冗余流量的产生。这种冗余流量会对网络传输效率造成严重影响，因此其成为研究的焦点。本书旨在通过分析网络用户行为、冗余流量的形成机制和演化规律，构建一个随时间演化的加权二分网络(weighted bipartite network，WBN)模型。WBN 模型包含两种不同类别的节点，在该网络模型中，节点不会直接与同类用户节点相连，而是与另一类节点连接[42,43]。同时，网络中的边表示两类节点间的连接关系，边的权重表示连接的强度或重要性。该网络模型的研究对理解复杂网络的结构和动态性具有重要意义，揭示了节点间的社区结构和择优连接的倾向性[44]。同时，WBN 模型采用了择优连接和拓扑增长的方法，揭示了网络演化的原理。WBN 模型具有无尺度演化规律和拓扑特性，服从指数为 2～3 的幂律分布[45]。此外，WBN 模型是一个动态的演化模型，可以真实地反映网络冗余流量的规模和演化特征。这有助于更好地理解和描述真实复杂网络的特性。通过这项研究，我们能够更深入地了解互联网中冗余流量的生成和演化过程，从而为网络优化和资源管理提供有益的见解。这对于改善网络性能和资源利用效率具有重要的意义。

1.3.3　流量特性的时序性研究

马尔可夫模型[46]、泊松模型[47]、自回归模型[48]常用来构建网络流量分析模型，然而，在实际构建网络模型时，马尔可夫模型使得在复杂异构的网络结构中面临计算成本高、时效性差等问题。同样地，研究人员发现泊松分布所具有的线性和平稳性无法较好地描述网络流量的高突发性、非线性和非平稳性。在 20 世纪 30 年代，时间序列随机性的概念被 Yule[49]提出。时间序列作为一种有序的网络数据，通常是等时间间隔或者标注时间刻度的采样数据，即将各个不同时刻的网络流量数据按照时间先后顺序排列起来构成统计数列。网络流量伴随着时间的推移发生变化，呈现出动态特性，建立时序模型对网络流量数据进行系统性分析在网络管理和冗余流量特性分析中显得尤为重要。自回归(autoregressive，AR)模型和移动平均(moving average，MA)模型使得网络流量的时序性模型由非参数模型发展成为参数模型[50]。同时，逐渐完善的自回归移动平均(autoregressive moving average，ARMA)模型在网络流量时序分析领域被大家广泛关注[51]。该模型在对网络流量的时序性分析建模过程中仅仅适用于平稳序列，对于非平稳序列的拟合性表现不足[52]。随着当前网络规模的逐渐扩大和应用服务类别的不断增加，网络流量演变成一个非线性、多时间尺度变化的系统，ARMA 模型的短程相关性和平稳性受限于当前网络的长程相关性、自相似性和突变性等特性，无法有效地对网络流量特性进行分析。因此，差分自回归移动平均(autoregressive integrated moving average，

ARIMA）模型的应用范围得到了扩展，作为一种网络流量分析模型，它结合了时间序列和回归分析的特点[53,54]。

在小时间尺度的网络流量分析下，特别是在秒级或毫秒级的状态中，网络流量的突变性显著，长程相关性和突变性成为复杂网络中的主要特征。针对以上复杂网络特征，研究人员又相继提出了众多网络流量分析模型，这些基于反向传播（back propagation，BP）神经网络的流量预测与分析模型，结合 BP 神经网络的非线性特征，提高了网络流量特性分析和预测的精度[55]。此外，基于自回归 BP 神经网络的流量模型采用正交最小二乘法对网络流量进行预测，具有较高的预测准确度[56]。在此研究基础上，基于 ARMA 和经验模态分解（empirical mode decomposition，EMD）模型的自相似网络流量特性分析模型被提出，采用 EMD 算法消除网络流量的长程相关性，使用流量序列展示网络的短程相关性，然后融合 ARMA 对网络流量进行建模和预测。针对网络流量的时序性，分别提出了自回归条件异方差和广义回归条件异方差模型对其特性进行深度和有效的分析，促进了网络流量中时序性分析技术的发展[57-59]。

在分析方法演化过程中，网络流量时序性预测和分析的另一个重要研究方法为分形差分自回归移动平均模型，文献[60]和[61]提出了具有长期记忆性的时序数据样本均值、自协方差和相关系数性质，并应用于网络流量特性的分析。为了对网络流量中的时序性进行深度分析，有学者提出了基于灰色系统的网络流量变化预测机制。同时，还有学者提出了基于时序性的混合网络流量特性分析模型，将移动平均预测模型和灰色系统融合，有效地提高了网络时序性的分析准确性。网络流量的时序性分析能够识别出流量模式，包括周期性的波动和长期趋势，该分析有利于预测和揭示用户行为及应用模式[62,63]。随着移动网络设备和物联网技术的广泛应用，人们对网络服务的需求呈现出相对复杂的依赖性。特别是网络流量的时序性分析研究聚焦于发掘复杂网络流量随着时间的变化规律，该研究对于当前网络设计、性能优化、异常性检测和网络安全保障至关重要。

1.4　冗余流量消除技术研究现状

由于冗余流量浪费网络资源，在复杂网络信息传输、共享、交换中进行冗余流量消除，对于优化网络资源利用至关重要。这一优化能够减少网络的传输带宽、内存资源，为复杂网络提供更多的存储和算力空间，有助于复杂网络高效地处理各类型的网络服务。对于互联网服务提供商（internet service provider，ISP）和互联网内容提供商（internet content provider，ICP）而言，能够最大限度地降低部署和运维成本，提高网络带宽和传输效率。对于网络用户而言，减少了用户间传递消息的时延，同时提高了网络节点间的通信效率。

目前，冗余流量消除技术主要分为两大类：传统的冗余流量消除技术和协议无关的冗余流量消除技术。本节将分别对这两类技术进行介绍，深入探讨它们的原理、方法和应用情况。通过全面了解这些冗余流量消除技术，读者可以更好地理解如何优化网络资源，提高传输效率，以及降低网络部署和运维成本。

1.4.1 传统的冗余流量消除技术

针对互联网应用中的大规模冗余流量，采用复杂网络冗余流量消除手段，综合不同类别的网络流量，进行容量筹划、流量调整，可有效地控制网络拥塞。传统的冗余流量消除技术分为对象缓存和数据压缩两大类。

1. 对象缓存

对象缓存包括浏览器缓存和代理缓存。

(1)浏览器缓存[64]指访问网页时，浏览器会将一些网络资源(如图片、串联样式表(cascading style sheet，CSS)文件、JavaScript 文件等)缓存到计算机的本地磁盘中，当用户再次请求同样的数据对象时，浏览器会从本地磁盘中获取这些资源，而不是再次从服务器下载。浏览器缓存直接从本地磁盘获取可复用资源，减少了整体的执行时间从而提升应用加载速度，避免了网络用户重复请求导致冗余流量传输占用通信带宽资源[65]。浏览器的布局缓存方案通过记录文档对象模型元素的稳定样式数据和布局数据构建缓存，降低了计算消耗时长，提升了整体性能[66]。针对移动客户端的冗余流量消除，采用浏览器缓存方案能够减少和优化移动客户端的计算量。因此，浏览器缓存在冗余流量消除技术中应用广泛[67]。

(2)代理缓存[68]指代理服务器在接收到用户请求后，将请求内容缓存到本地代理服务器的存储设备中，以便将来用户客户端再次请求该内容时，可以直接从本地代理服务器获取，而无须再向源服务器请求。当前，ISP 和 ICP 使用代理缓存替换策略来节省相应的带宽和服务器负载。文献[69]采用了网络缓存替换与决策树方法对该缓存策略进行了优化。同样地，学者使用最近最少使用(least recently used，LRU)和二叉查找树(binary search tree，BST)来降低代理缓存访问速度，减少加载时间，降低了冗余流量对缓存时间的影响[70]。此外，文献[71]和[72]采用了动态代理缓存策略实现最大限度地减少代理对象的性能损失，提高了代理服务器的缓存能力。文献[73]发现，从 Web 服务器到用户客户端的流量都可以使用基于 Squid 缓存规则的代理缓存进行消除。然而，对象压缩和应用层对象级别的缓存不能消除所有的冗余流量。浏览器缓存和代理缓存能够代替资源所在的源服务器重复频繁请求和响应，这种机制可以减轻源服务器的负担，并加快用户请求响应的速度。

2. 数据压缩

数据压缩通常分为两种类型：无损压缩和有损压缩。无损压缩是指压缩后的数据可以完全恢复为原始数据，其中不会损失任何的原始数据信息，保留了原始数据的精确性和完整性，而有损压缩则是指压缩后的数据无法完全恢复为原始数据，但可以通过逆向操作近似地重构和恢复数据。虽然有损压缩实现了更高的压缩率，但是解压缩和重构后的数据和原始数据不完全一致。在有损压缩中通常会损失某些细节或者质量以获得更高的压缩率[74,75]。常见的无损压缩算法包括Huffman 编码、Rsync 编码和 Delta 编码等。Huffman 编码可以根据数据出现频率来构建一棵最优二叉树(即 Huffman 树)，并将每个数据项映射为一个短的二进制编码[76]。Huffman 编码可以有效地减小数据的大小，实现数据压缩。Delta 编码是一种基于单一文件不同版本的差异编码，通过记录数据序列中相邻元素之间的差异来减少需要传输的数据量[77]。但是，这限制了增量编码的应用，因为它要求发送者和接收者都必须共享相同的基础内容。作为软件应用程序和网络协议，Rsync 编码提供了把文件和目录快速地从一个位置移动到另一个位置的方法，并降低了传输过程中的带宽消耗。默认情况下，Rsync 编码通过检查文件的修改时间和每个文件大小来决定是否需要同步文件，最后决定需要通过增量编码来传输的信息块，因此只有新文件和修改文件的变化部分会被传输，故类似于 Rsync 编码的增量编码同样不适用于一般的互联网冗余流量消除[78]。

1.4.2 协议无关的冗余流量消除技术

数据冗余消除(data redundancy elimination，DRE)，也称为重复数据删除，是一种通过在数据中识别和消除冗余信息的数据压缩技术的派生形式[79]。数据压缩旨在通过去除文件中的重复信息来减小文件的大小，而 DRE 则专注于识别和消除数据对象之间以及对象内部的冗余数据，例如，通过传输整个文件和其中的一个数据块，以减少数据在传输和存储中的占用。协议无关的冗余流量消除(protocol independent redundancy elimination，PIRE)技术是基于数据包的流量识别与消除技术，它可以在网络传输过程中消除重复数据，从而减少网络流量和传输时间[80]。当检测到相同的数据元素在多个实例中时，只有一个单一的数据元素副本被传输或存储，冗余数据元素被替换为唯一数据元素的引用或指针。PIRE 技术应用得越来越广泛，该技术目前已部署在广域网、城域网中，众多网络设备厂商提供冗余流量消除的网络服务以降低对网络有效带宽的占用[81,82]。可以把 DRE 部署在终端主机中，以最大限度地提高单链路网络带宽，同时扩大部署 DRE 网络有利于消除域内和域间所含有的冗余流量。此外，无线和移动环境中的冗余流量消除技术逐渐成为学者们研究的重点[83]。

基于对大规模踪迹驱动的数据包级别PIRE技术的研究表明，当DRE在ISP的接入链路或路由器间部署时，可节省部分网络带宽[84]。同时，PIRE技术在无线和蜂窝网络中同样被广泛研究，研究结果表明，PIRE技术可节省无线网络的带宽，节省蜂窝网络中的移动网络流量[85]。当前，研究者采用基于支持向量机(support vector machine, SVM)的网络数据聚合和冗余流量消除技术，通过局部敏感哈希来最小化数据冗余并消除虚假数据，提高了网络流量的传输时效性[86]。此外，有学者采用人工智能的方法来实现轻量级的数据融合和负载优化，对网络冗余流量进行消除，减少了节点级别的数据冗余并公平地分配融合数据[87]。虽然PIRE技术对于消除互联网冗余流量是有效的，然而，由于DRE技术的复杂性，构建和维护DRE系统通常需要较高的成本，包括硬件和软件方面的开销。在本书后续内容中，将详细地讨论PIRE技术的系统架构、主要流程以及缓存管理等内容。

参考文献

[1] 中国互联网络信息中心. 第53次中国互联网络发展状况统计报告. https://www.cnnic.net.cn/NMediaFile/2024/0325/MAIN1711355296414FIQ9XKZV63.pdf [2024-3-21].

[2] Barabási A L, Albert R. Emergence of scaling in random networks. Science, 1999, 286(5439): 509-512.

[3] Sun J H, Chen H, He L G, et al. Redundant network traffic elimination with GPU accelerated Rabin fingerprinting. IEEE Transactions on Parallel and Distributed Systems, 2016, 27(7): 2130-2142.

[4] Anand A, Gupta A, Akella A, et al. Packet caches on routers: The implications of universal redundant traffic elimination//Proceedings of the ACM SIGCOMM 2008 Conference on Data Communication, Washington D.C., 2008:219-230.

[5] 董豪宇, 陈康. 纯用户态的网络文件系统: RUFS. 计算机应用, 2020, 40(9): 2577-2585.

[6] Kumar N, Zeadally S, Rodrigues J J P C. QoS-aware hierarchical web caching scheme for online video streaming applications in internet-based vehicular ad hoc networks. IEEE Transactions on Industrial Electronics, 2015, 62(12): 7892-7900.

[7] 赵雅倩, 李龙, 郭跃超, 等. 基于OpenCL的Gzip数据压缩算法. 计算机应用, 2018, 38(S1): 112-115, 130.

[8] Spring N T, Wetherall D. A protocol-independent technique for eliminating redundant network traffic. ACM SIGCOMM Computer Communication Review, 2000, 30(4): 87-95.

[9] Manber U. Finding similar files in a large file system//Proceedings of the USENIX Winter 1994 Technical Conference, Berkeley, 1994: 1-10.

[10] 陆志刚, 徐继伟, 黄涛. 基于分片复用的多版本容器镜像加载方法. 软件学报, 2020, 31(6): 1875-1888.

[11] Faz-Hernández A, López J, Ochoa-Jiménez E, et al. A faster software implementation of the supersingular isogeny Diffie-Hellman key exchange protocol. IEEE Transactions on Computers, 2018, 67(11): 1622-1636.

[12] Anand A, Muthukrishnan C, Akella A, et al. Redundancy in network traffic: Findings and implications//Proceedings of the Eleventh International Joint Conference on Measurement and Modeling of Computer Systems, Seattle, 2009: 37-48.

[13] Schleimer S, Wilkerson D S, Aiken A. Winnowing: Local algorithms for document fingerprinting//Proceedings of the 2003 ACM SIGMOD International Conference on Management of Data, San Diego, 2003: 76-85.

[14] Bjørner N, Blass A, Gurevich Y. Content-dependent chunking for differential compression, the local maximum approach. Journal of Computer and System Sciences, 2010, 76(3-4): 154-203.

[15] 刘勤让, 林森杰, 顾泽宇. 面向拟态安全防御的异构功能等价体调度算法. 通信学报, 2018, 39(7): 188-198.

[16] Halepovic E, Williamson C, Ghaderi M. DYNABYTE: A dynamic sampling algorithm for redundant content detection// Proceedings of 20th International Conference on Computer Communications and Networks, Lahaina, 2011: 1-8.

[17] Chen W Y, Ishibuchi H, Shang K. Fast greedy subset selection from large candidate solution sets in evolutionary multiobjective optimization. IEEE Transactions on Evolutionary Computation, 2022, 26(4): 750-764.

[18] 陈静怡, 冯伟, 吴杰. 端到端冗余流量消除技术的指纹选择算法研究. 计算机工程与设计, 2011, 32(7): 2286-2289, 2293.

[19] 唐海娜, 林小拉, 韩春静. 基于移动指针的数据流冗余消除算法. 通信学报, 2012, 33(2): 7-14.

[20] 胡辉, 雷明东, 杨保亮, 等. 利用查找表的动态载波环路增益控制算法. 河南科技大学学报(自然科学版), 2015, 36(2): 49-53, 59, 5.

[21] Leland W E, Willinger W, Taqqu M S, et al. On the self-similar nature of ethernet traffic. ACM SIGCOMM Computer Communication Review, 1995, 25(1): 202-213.

[22] Paxson V, Floyd S. Wide-area traffic: The failure of poisson modeling. IEEE/ACM Transactions on Networking, 1995, 3(3): 226-244.

[23] 许莉, 姜超. ATM 网络流量控制中的活动 VC 计算方法. 计算机工程, 2009, 35(8): 150-151, 154.

[24] Xu Y, Li Q M, Meng S M. Self-similarity analysis and application of network traffic// Proceedings of Mobile Computing, Applications, and Services, Hangzhou, 2019: 112-125.

[25] Faizullin R R, Yaushev S T, Insarov A Y. Modeling and self-similarity analysis of non-poissonian traffic represented by multimodal non-typical pascal and rice distributions//2019 Systems of Signals Generating and Processing in the Field of on Board Communications, Moscow, 2019: 1-4.

[26] Sheng W F. Network coding method for self-similar streaming media flow in wireless mesh network//2018 International Conference on Engineering Simulation and Intelligent Control, Changsha, 2018: 334-339.

[27] 晏威, 肖明波, 徐向南. Ad Hoc 网络中联合速率与功率控制的跨层设计. 信息网络安全, 2015, (4): 36-40.

[28] Ali D, Yohanna M, Silikwa W N. Routing protocols source of self-similarity on a wireless network. Alexandria Engineering Journal, 2018, 57(4): 2279-2287.

[29] Li Z Y, Xing W J, Khamaiseh S, et al. Detecting saturation attacks based on self-similarity of OpenFlow traffic. IEEE Transactions on Network and Service Management, 2020, 17(1): 607-621.

[30] Kutuzov D, Osovsky A, Stukach O, et al. Modeling of IIoT traffic processing by intra-chip NoC routers of 5G/6G networks//2021 International Siberian Conference on Control and Communications, Kazan, 2021: 1-5.

[31] Granger C W J, Joyeux R. An introduction to long-memory time series models and fractional differencing. Journal of Time Series Analysis, 1980, 1(1): 15-29.

[32] Pączek K, Jelito D, Pitera M, et al. Estimation of stability index for symmetric α-stable distribution using quantile conditional variance ratios. TEST, 2023, 33: 297-334.

[33] 王浩辰, 张焕杰, 李京. Overlay 网络下的超算中心间广域网流量调度研究. 小型微型计算机系统, 2022, 43(8): 1756-1761.

[34] Anderson D, Cleveland W S, Xi B W. Multifractal and Gaussian fractional sum-difference models for internet traffic. Performance Evaluation, 2017, 107: 1-33.

[35] Cardoso A A, Vieira F H T. Adaptive fuzzy flow rate control considering multifractal traffic modeling and 5G communications. PLoS One, 2019, 14(11): e0224883.

[36] Nashat D, Hussain F A. Multifractal detrended fluctuation analysis based detection for SYN flooding attack. Computers & Security, 2021, 107: 102315.

[37] 彭行雄, 肖如良. 基于稳态过程的多重分形 Web 日志仿真生成算法. 计算机应用, 2017, 37(2): 587-592.

[38] Watts D J, Strogatz S H. Collective dynamics of “small-world” networks. Nature, 1998, 393(6684): 440-442.

[39] Amaral L A, Scala A, Barthelemy M, et al. Classes of small-world networks. Proceedings of the National Academy of Sciences of the United States of America, 2000, 97(21): 11149-11152.

[40] Shi L, Liu Q C, Shao J L, et al. A cooperation–competition evolutionary dynamic model over signed networks. IEEE Transactions on Automatic Control, 2023, 68(12): 7927-7934.

[41] Weeden K, Cornwell B. The small-world network of college classes: Implications for epidemic spread on a university campus. Sociological Science, 2020, 7: 222-241.

[42] 易兰兰, 许英, 王冉冉. 基于模块度相似性的二分网络链路预测算法. 西华大学学报(自然科学版), 2023, 42(2): 53-61, 76.

[43] 张阳阳, 陈可佳, 张杰. 基于动态二分网络表示学习的推荐方法. 计算机应用研究, 2022, 39(4): 1024-1029.

[44] 熊湘云, 伏玉琛, 刘兆庆. 基于二分网络投影的多维度推荐算法设计研究. 计算机应用与软件, 2014, 31(8): 253-256.

[45] 邢玲, 马强, 徐蕾, 等. 网络冗余流量的柯西-拉普拉斯多分形小波模型. 北京邮电大学学报, 2015, 38(5): 54-57.

[46] 黄晓璐, 闵应骅, 吴起. 网络流量的半马尔可夫模型. 计算机学报, 2005, 28(10): 1592-1600.

[47] Motalebi N, Owlia M S, Amiri A, et al. Monitoring social networks based on zero-inflated Poisson regression model. Communications in Statistics-Theory and Methods, 2023, 52(7): 2099-2115.

[48] 熊皓, 刘嘉勇, 王俊峰. 基于神经网络和自回归模型的网络流量预测. 计算机应用, 2021, 41(S1): 180-184.

[49] Yule G U. On a method of investigating periodicities in disturbed series with special reference to Wolfer's sunspot numbers. Philosophical Transactions of the Royal Society A, 1927, 226: 267-273.

[50] An S, He Y, Wang L J. Maximum likelihood based multi-innovation stochastic gradient identification algorithms for bilinear stochastic systems with ARMA noise. International Journal of Adaptive Control and Signal Processing, 2023, 37(10): 2690-2705.

[51] Lukoševičius M. A practical guide to applying echo state networks//Montavon G, Orr G B, Muller K-R. Neural Networks: Tricks of the Trade. Heidelberg: Springer, 2012: 659-686.

[52] 赵力强, 师智斌, 石琼, 等. 基于时序特征的网络流量分类方法. 中北大学学报(自然科学版), 2022, 43(3): 221-228.

[53] 田中大, 李树江, 王艳红, 等. 高斯过程回归补偿 ARIMA 的网络流量预测. 北京邮电大学学报, 2017, 40(6): 65-73.

[54] Kontopoulou V I, Panagopoulos A D, Kakkos I, et al. A review of ARIMA vs. machine learning approaches for time series forecasting in data driven networks. Future Internet, 2023, 15(8): 255.

[55] Guo S. Decomposition prediction model based on BP neural network algorithm and ARMA

model. Studies in Health Technology and Informatics, 2023, 308: 640-647.

[56] Jing H T, Tu Z X, Zhang B, et al. Sand production prediction based on deep learning and BP neural network// The 57th U.S. Rock Mechanics/Geomechanics Symposium, Atlanta, 2023: ARMA-2023-0650.

[57] Engle R F. Autoregressive conditional heteroscedasticity with estimates of the variance of United Kingdom inflation. Econometrica, 1982, 50(4): 987-1008.

[58] Bollerslev T. Generalized autoregressive conditional heteroskedasticity. Journal of Econometrics, 1986, 31(3): 307-327.

[59] Sridharan M. Generalized regression neural network model based estimation of global solar energy using meteorological parameters. Annals of Data Science, 2023, 10(4): 1107-1125.

[60] 陈羽中, 方明月, 郭文忠, 等. 基于小波变换与差分自回归移动平均模型的微博话题热度预测. 模式识别与人工智能, 2015, 28(7): 586-594.

[61] Granger C W J. Long memory relationships and the aggregation of dynamic models. Journal of Econometrics, 1980, 14(2): 227-238.

[62] 刘合, 李艳春, 杜庆龙, 等. 基于多变量时间序列模型的高含水期产量预测方法. 中国石油大学学报(自然科学版), 2023, 47(5): 103-114.

[63] 谢逸, 饶文碧, 段鹏飞, 等. 基于 CNN 和 LSTM 混合模型的中文词性标注. 武汉大学学报(理学版), 2017, 63(3): 246-250.

[64] 马郓, 刘譞哲, 梅宏. 面向移动 Web 应用的浏览器缓存性能度量与优化. 软件学报, 2020, 31(7): 1980-1996.

[65] Nguyen H V, Lo Iacono L, Federrath H. Systematic analysis of web browser caches// Proceedings of the 2nd International Conference on Web Studies, Paris, 2018: 64-71.

[66] Zhang K M, Wang L, Pan A M, et al. Smart caching for web browsers//Proceedings of the 19th International Conference on World Wide Web, Raleigh, 2010: 491-500.

[67] Goel A, Ruamviboonsuk V, Netravali R, et al. Rethinking client-side caching for the mobile web//Proceedings of the 22nd International Workshop on Mobile Computing Systems and Applications, New York, 2021: 112-118.

[68] Lai W K, Wang Y C, Lin S Y. Efficient scheduling, caching, and merging of notifications to save message costs in IoT networks using CoAP. IEEE Internet of Things Journal, 2021, 8(2): 1016-1029.

[69] Xuan T N, Thi V T, Khanh L H. A design model network for intelligent web cache replacement in web proxy caching// Lecture Notes in Networks and Systems, Singapore, 2022: 591-600.

[70] Kushwah J S, Gupta D, Shrivastava A, et al. Analysis and visualization of proxy caching using LRU, AVL tree and BST with supervised machine learning. Materials Today: Proceedings, 2022, 51: 750-755.

[71] Serrano M, Findler R B. Dynamic property caches: A step towards faster JavaScript proxy objects//Proceedings of the 29th International Conference on Compiler Construction, San Diego, 2020: 108-118.

[72] Shyamala K, Kalaivani S. Improvement of web performance using optimized prediction algorithm and dynamic webpage content updation in proxy cache//Lecture Notes on Data Engineering and Communications Technologies, Cham, 2019: 212-225.

[73] Wolman A, Voelker M, Sharma N, et al. On the scale and performance of cooperative web proxy caching//Proceedings of the Seventeenth ACM Symposium on Operating Systems Principles, Charleston, 1999: 16-31.

[74] Dubois Y, Bloem-Reddy B, Ullrich K, et al. Lossy compression for lossless prediction. Neural Information Processing Systems, 2021, 34: 14014-14028.

[75] Mentzer F, van Gool L, Tschannen M. Learning better lossless compression using lossy compression//2020 IEEE/CVF Conference on Computer Vision and Pattern Recognition, Seattle, 2020: 6637-6646.

[76] 李承泽, 於剑波, 张森, 等. 一种基于 Huffman 和 LZW 编码的移动应用混淆方法. 软件学报, 2017, 28(9): 2264-2280.

[77] Jindal R, Kumar N, Patidar S. IoT streamed data handling model using delta encoding. International Journal of Communication Systems, 2022, 35(13): e5243.

[78] Radescu R. Interactive e-learning application for studying and evaluating the performances of remote file synchronization algorithms//eLearning and Software for Education, Carol, 2020: 222-229.

[79] Subramonian V, Deng G, Gill C, et al. The design and performance of component middleware for QoS-enabled deployment and configuration of DRE systems. Journal of Systems and Software, 2007, 80(5): 668-677.

[80] Zhang Y, Ansari N. On protocol-independent data redundancy elimination. IEEE Communications Surveys & Tutorials, 2014, 16(1): 455-472.

[81] 郑鸿, 邢玲, 马强. 基于分组特性的冗余流量消除算法. 计算机应用, 2014, 34(6): 1541-1545.

[82] Fan J Y, Guan C W, Ren K, et al. Middlebox-based packet-level redundancy elimination over encrypted network traffic. IEEE/ACM Transactions on Networking, 2018, 26(4): 1742-1753.

[83] Rosen A C, Arias J J, Wesson Ashford J, et al. The advisory group on risk evidence education for dementia: Multidisciplinary and open to all. Journal of Alzheimer's Disease, 2022, 90(3): 953-962.

[84] Chen T, Gao X F, Liao T, et al. Pache: A packet management scheme of cache in data center networks. IEEE Transactions on Parallel and Distributed Systems, 2020, 31(2): 253-265.

[85] Jang S, Yang H, Pack S. Traffic redundancy elimination over a programmable data plane: Design and implementation. IEEE Network, 2021, 35(6): 292-298.

[86] Patil P, Kulkarni U. SVM based data redundancy elimination for data aggregation in wireless sensor networks//2013 International Conference on Advances in Computing, Communications and Informatics, Mysore, 2013: 1309-1316.

[87] Jan M A, Zakarya M, Khan M, et al. An AI-enabled lightweight data fusion and load optimization approach for internet of things. Future Generation Computer Systems, 2021, 122: 40-51.

第 2 章　冗余流量测量方法

冗余流量测量是对网络流量的深度剖析，样本数据的完整性直接影响最终测量结果的有效性和科学性。基于 Windows 数据包捕获(Windows packet capture，WinPcap)或数据包捕获函数库(packet capture library，LibPcap)的传统数据包捕获技术无法适应网络高速链路环境。本章主要介绍目前广泛应用的高速数据包采集技术——PF_RING 的原理及相关测量方法。

2.1　冗余流量测量系统结构

依据冗余流量测量过程设计的冗余流量测量系统结构如图 2-1 所示。网络数据包采集模块负责从交换机镜像端口采集特定链路的双向原始数据包。网络数据包预处理模块负责按照标准协议规范解析数据包的协议分层语义，提取数据包的数据负载部分及其相关的元信息。信息指纹计算与采样模块负责先对数据负载按一定的窗口大小划分连续分块，然后根据选定的指纹计算方法计算各分块对应的信息指纹，最后按预设的规则对信息指纹序列进行采样。数据处理模块负责识别待测网络流量中的冗余字节分块，并根据信息指纹的匹配结果与采样特征指纹记录库进行匹配，捕捉冗余流量的动态特征。数据分析模块负责根据冗余流量的测量结果来分析冗余流量的相关属性特征。

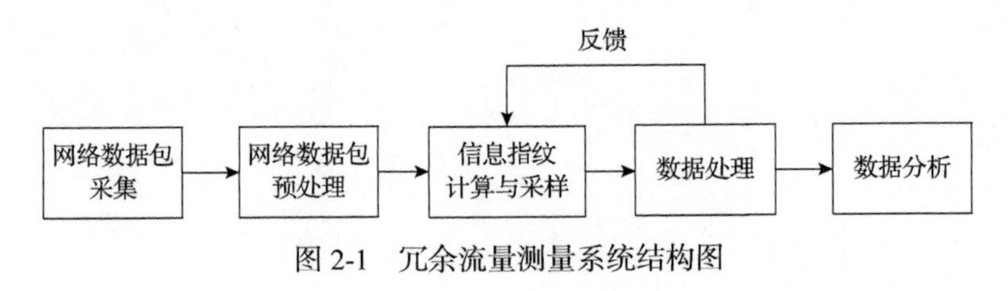

图 2-1　冗余流量测量系统结构图

2.2　基于 PF_RING 的高速数据包采集方法

数据包样本的完整性是研究冗余流量测量方法的前提，直接影响测量分析结果的准确性和科学性。PF_RING 是文献[1]提出的专用于高速链路环境下的开源数据包采集方法，它提供了一套标准接口，具有应用方便、快捷灵活等特点。在数据包样本实际采集过程中，高速链路吞吐量大，因此，可以采用内存映射文件方法提高数据包存储效率，同时用双线程协同方法实现数据缓存调度。基于 Linux 平台的 PF_RING 高速数据包采集流程图如图 2-2 所示。

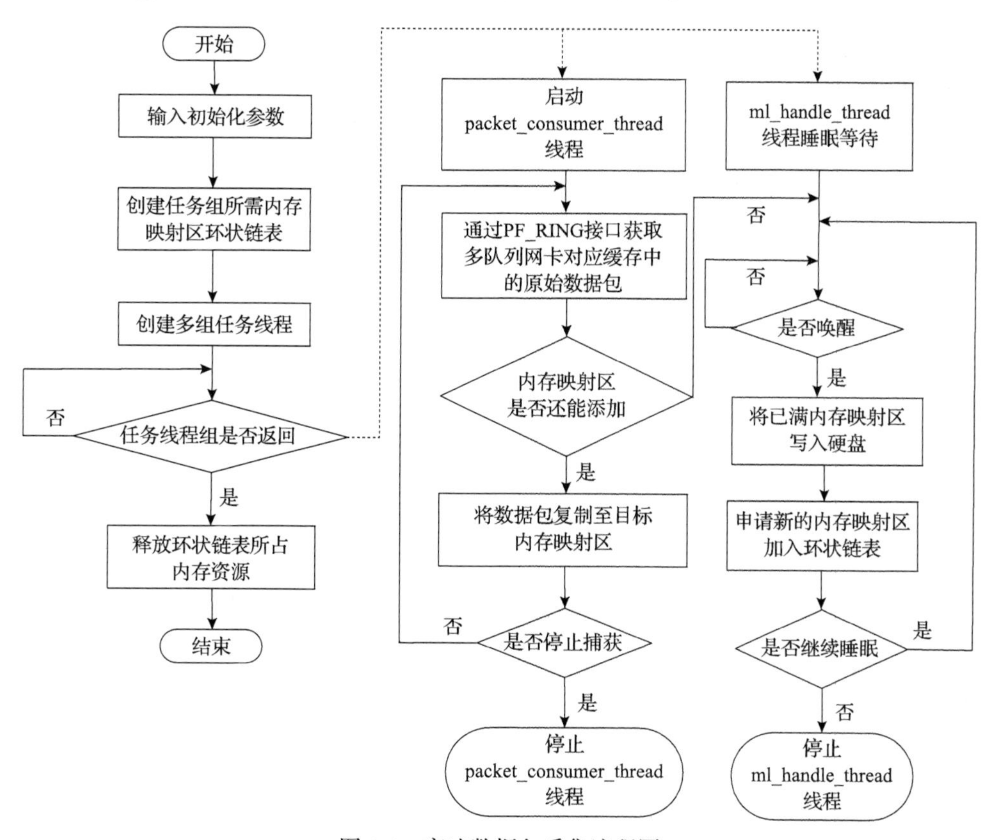

图 2-2　高速数据包采集流程图

2.2.1　PF_RING 数据包捕获方法

PF_RING 是一种基于 Linux 平台内核空间来实现数据包捕获的方法。PF_RING 的工作原理如下。当网卡接收到数据包时，传统的方式是网卡将数据包交给内核函数处理，通过 TCP/IP 逐层协议栈上传至应用层的 socket 接口。而 PF_RING 创建了一个环形缓冲区，用于存储网卡接收到的数据包。所创建的环形缓冲区提供两个接口：一个用于将网卡数据包写入缓冲区，另一个用于应用层程序从缓冲区读取数据包。读取数据包的接口通过内存映射 mmap 函数来实现。网卡的中断模式采用设备轮询，Linux 平台称为 NAPI，网卡驱动程序支持 NAPI 运行。为了实现这种环形缓冲区，PF_RING 向内核添加了一个新的协议簇，并创建了带有缓冲区的新 socket 类型，提供通用的 socket 接口。PF_RING 通过内核补丁，进一步提高数据捕获的效率。不同于传统协议栈通过中断服务读取网卡数据包的方式，PF_RING 采用文献[2]中设备轮询的方式，提高数据包采集性能。直接网卡访问(direct network interface card access，DNA)[3]是一种映射网卡内存和寄存器至用户态的方法，因此除了由网卡的网络处理单元完成直接存储器访问(direct memory access，DMA)之外，没有任何额外的数据包复制。PF_RING DNA 通过修改特定类型的网卡驱动，绕过 CPU 与系统调用的干预[4]，在网卡驱动和用户空间之间建立直接数据传输通道实现数据的零拷贝(zero-copy，ZC)，零拷贝技术是一种在内核和用户空间之间共享内存的技术[5]。当数据复制到内核后，只需要将地址共享给应用程序，而无须再次复制数据到用户空间。PF_RING DNA 结构图如图 2-3 所示。

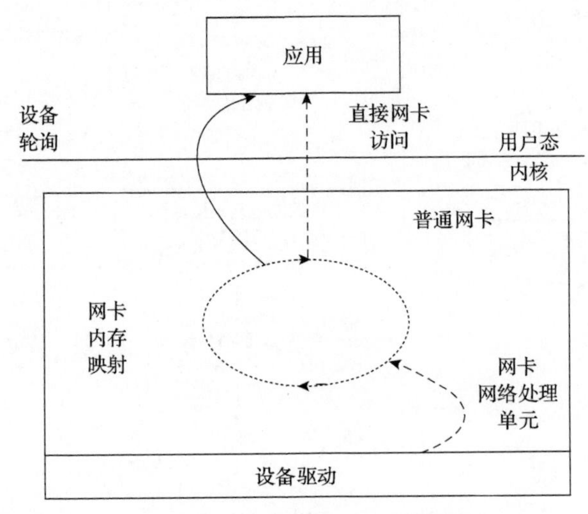

图 2-3 PF_RING DNA 结构图

2.2.2 内存映射文件方法

操作系统能够利用虚拟内存将文件或文件的部分内容映射到内存中，使其可以像内存数据一样快速访问，被称为内存映射文件方法。内存映射文件通过一系列函数调用，可将物理存储介质中的文件对象映射到数据包采集进程空间，并给物理存储介质中的文件对象分配一段映射的虚拟内存地址[6]。在这段虚拟内存地址空间范围内的数据读写操作，最终可反映到物理介质的文件对象上，降低了频繁输入/输出(input/output，I/O)操作造成的系统开销。内存映射文件方法的主要优势在于操作系统负责真正的文件读写，而应用程序只需处理内存数据，这样就可以实现快速 I/O 操作。在写入过程中，即使应用程序在数据写入内存后进程出错退出，操作系统仍然会将内存映射文件中的数据写入文件系统。另一个更加突出的优势是共享内存，即内存映射文件可被多个进程同时访问，可以达到低时延共享内存的目的。在冗余流量的数据包采集过程中会涉及连续数据包存档任务，采用普通文件操作方式必然带来频繁的 I/O 操作问题。因此，在样本采集的实际过程中，采用内存映射文件方法，将需要存档的文件映射到数据包采集进程空间，通过零拷贝技术将捕获的数据包按一定格式存入归档文件。当数据包采集进程空间写满后，调用 munmap 函数即可将内存映射区的数据一次性写入物理文件对象，优化数据包存档任务[7]。内存映射数据存储流程如图 2-4 所示。

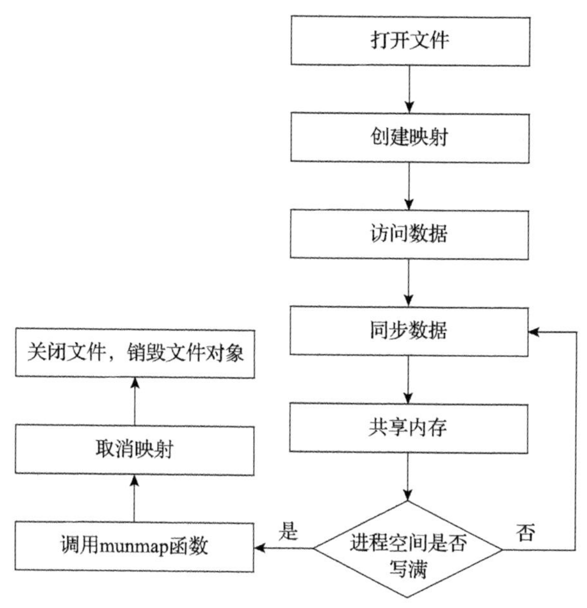

图 2-4　内存映射数据存储流程图

2.2.3　双线程协同方法

双线程协同方法利用多核处理器的并发能力协调已捕获数据包的存档任务[8]。如图 2-2 所示，数据包采集软件由两个名为 packet_consumer_thread 和 ml_handle_thread 的子线程构成，从 PF_RING 提供的 NAPI 获取数据包并实现存档的功能。其中，packet_consumer_thread 线程负责从 PF_RING 提供的 API 读取数据包到数据包存档文件的内存映射地址空间，并在适当的时候唤醒 ml_handle_thread 线程。ml_handle_thread 线程负责将内存映射地址空间范围内的数据写入数据包存档文件所在的物理介质内，并且维护缓冲区循环队列中数据包存档文件内存映射地址空间的分配与释放[9]。

由于网络冗余流量测量的持续性要求，数据包采集软件必须具备较强的时效性，需要保证数据包采集的线速匹配。双线程协同方法通过 packet_consumer_thread 和 ml_handle_thread 两个子线程共同维护缓冲区循环队列，并且将数据包读取任务与数据包存档任务分离。利用多核处理器的并发处理优势执行数据包读取和数据包存档任务，有效防止存档过程中必需的 I/O 操作造成的采集软件整体时效性损伤。多核并发的数据包读取和存储实现了高速数据包采集与异步存档协同工作，确保所采集数据包的完整性，为冗余流量测量提供有效的分析样本。

2.3 基于测量粒度的冗余流量测量方法

冗余流量测量方法按照测量识别粒度检测网络流量中的冗余流量片段[10]。本节将测量粒度划分为面向对象、面向数据包字节分组和面向数据包字节分块三种不同的粗细粒度，如图 2-5 所示，三种不同的识别粒度在逻辑上构成一种包含关系。通常，识别粒度越细，测量结果越准确；同理，测量消耗的资源成本也相应增加。

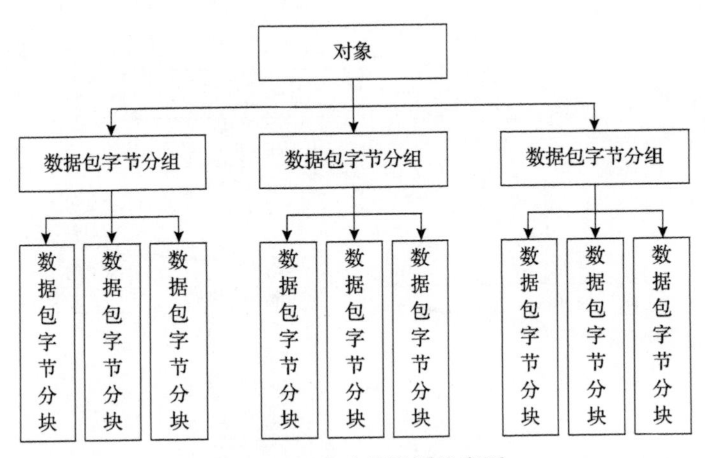

图 2-5　冗余流量识别粒度图

2.3.1 面向对象的冗余流量测量

面向对象的冗余流量测量以图 2-5 最顶层所示的资源对象为识别粒度，类似于 Web 代理缓存技术中识别被重复请求的网络资源[11]。Web 代理缓存技术的核心思想是通过引入代理服务器，将客户端对目标服务器的访问转发到代理服务器上。代理服务器会暂时存储已访问的网页内容在本地的存储空间中。当客户端再次请求相同的网页时，代理服务器首先在本地存储空间中查询是否存在所需的网页内容。如果存在，代理服务器直接将网页内容发送给客户端，减少了对目标服务器的访问。如果不存在，代理服务器会向统一资源定位符（uniform resource locator，URL）中指定的目标服务器请求数据，并将获取到的数据存储在本地存储空间中，以备下次请求使用。Web 代理缓存技术可以识别被重复请求的网络资源。识别方法是通过资源标签快速检测出因重复请求相同资源而产生的冗余流量。

面向对象的识别方法必须基于对特定应用协议的全面理解，否则将无法感知网络流量中潜在的资源对象。这种依赖特定协议完全认知的识别方法，增加了冗余流量测量的复杂性。当前网络中存在的不同应用协议总数是一个未知数，而且随着互联网技术的发展还会衍生出更多复杂的网络协议，因此，无法设计出通用的面向对象的冗余流量测量方法。此外，在冗余流量测量的实际应用中，较大的历史对象缓存空间，增加了面向对象的测量方法实际测量过程中的存储开销。因此，面向对象的冗余流量测量方法适合在特定应用业务范围内实施，无法实现通用的测量模型。

2.3.2　面向数据包字节分组的冗余流量测量

面向数据包字节分组的冗余流量测量以图 2-5 中间层所示的数据包字节分组为识别粒度，对应于 TCP/IP 参考模型中的应用层协议数据单元(protocol data unit，PDU)[12]。尽管数据包字节分组在一定程度上由应用层协议操作，但是所有资源数据会在 TCP/IP 参考模型中的传输层协议数据单元以统一的封装格式最先实现协议融合。随着识别粒度的细化，以数据包字节分组为识别粒度的测量方法可以有效地屏蔽不同应用层协议之间的相互干扰，建立一个通用的冗余流量测量模型。在具体实践中，以面向数据包字节分组为识别粒度的测量方法可以节省记录历史数据包字节分组所需的缓存空间，减少系统资源开销[13]。

2.3.3　面向数据包字节分块的冗余流量测量

面向数据包字节分块的冗余流量测量以图 2-5 底层所示的数据包字节分块为识别粒度，是对面向数据包字节分组识别粒度的细化。这种以面向数据包字节分块为识别粒度的测量方法，不仅可以检测网络流量中资源对象之间的冗余部分，还可以检测网络流量中数据包字节分组之间的冗余部分。网络流量将数据包字节分块作为最小测量单元，冗余流量将数据包字节分块之间的属性特征精确化，因此更有助于了解冗余流量在网络底层的行为规律，设计出与其属性特征相适应的冗余流量测量方法，从而提高流量测量效率。

2.4　数据包字节分块算法

数据包字节分块算法是挖掘数据包字节分组之间冗余流量特性的关键。分块方式的公平性和对字节分组长度变化的抗干扰能力直接影响网络冗余流量的可测量性。

2.4.1　定长分块算法

定长分块(fixed-size partition，FSP)算法将数据流按照固定长度的字节数量进行分割，然后计算固定长度的数据分块的数据指纹[14]。如图 2-6(a)所示，按一定的窗口大小将数据包字节分组划分为多个固定长度的数据包字节分块。该分块方式执行效率高，易于管理，已应用于 Venti[15]和 OceanStore[16]。

然而，定长分块算法对数据包字节分组长度变化特别敏感。在分组序列的任意位置执行字节插入、删除等操作都将影响后续字节分块的可识别性。图 2-6(b)、(c)分别是在图 2-6(a)的原始分组序列的起始位置，执行字节插入和删除操作后的序列变化，右侧分块显示这两种操作都将导致大量的冗余部分无法被识别。由于缺乏感知字节分组长度变化的能力，定长分块算法在实际应用中存在性能瓶颈。

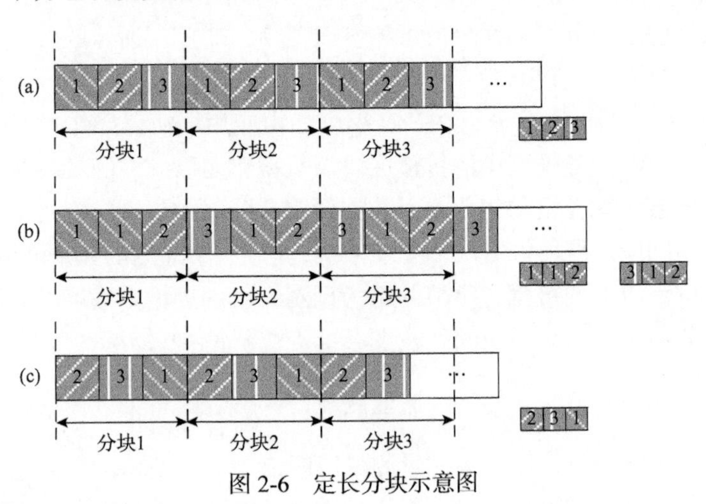

图 2-6　定长分块示意图

2.4.2　变长分块算法

变长分块(variable-size partition，VSP)算法是基于内容感知的分块方法，其划分结果与内容分布特征有关[17,18]。如图 2-7 所示，首先以固定大小的滑动窗口在数据包字节分组上连续滑动，再以某种预先设定的方法计算每个窗口范围内字节分块的数字签名，接下来按固定规则选择一对符合条件的数字签名，使得所选数字签名对应的两个连续窗口的最末端作为变长分块的始、末边界进行划分。这种分块方式解决了定长分块方式对数据包字节分组长度变化过度敏感的问题。只要插入、删除等操作没有影响变长分块的边界窗口，那么只会影响单个变长分块，其他分块划分不受影响。因此，变长分块算法具有划分结果稳定和抗干扰能力强的特点，已应用于 Pasta[19]、Deep Store[20]和 Pastiche[21]等多种文件存储系统。

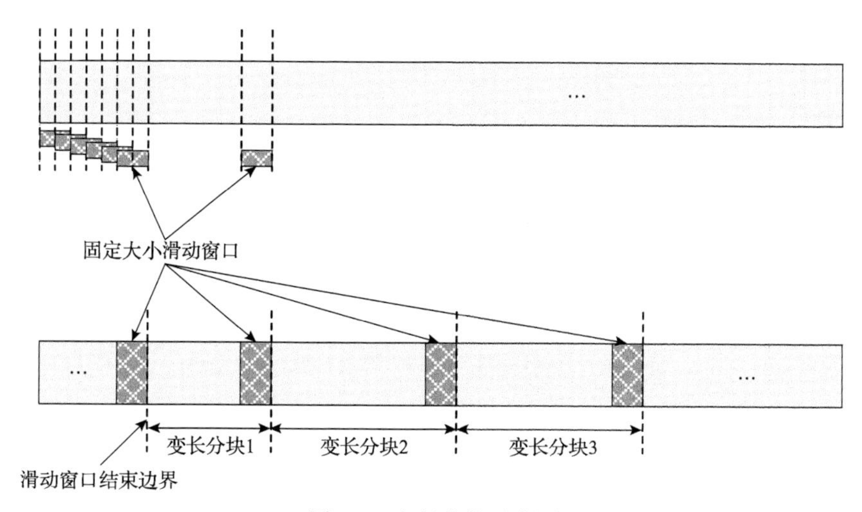

图 2-7　变长分块示意图

然而，变长分块算法存在两个明显不足：一是字节分块的大小没有上、下边界限制，可能导致划分的字节分块过大或者过小；二是滑动窗口大小影响系统识别粒度，窗口过大导致识别粒度粗糙，窗口过小导致识别成本增加，因此合理设定窗口阈值是非常重要的问题。

2.4.3　滑动分块算法

滑动分块(sliding partition，SP)算法以定长分块思想为基础，结合了定长分块算法执行效率高和变长分块算法对字节分组长度变化抗干扰能力强的优点[22]。如图 2-8 所示，按照固定大小的滑动窗口将数据包字节分组划分为多个连续均匀的字节分块。字节插入、删除等操作只可能影响窗口范围内的分块变化。此外，滑动分块算法的连续滑动策略，能确保数据包字节分组在一定识别粒度下达到最多分块的划分效果。

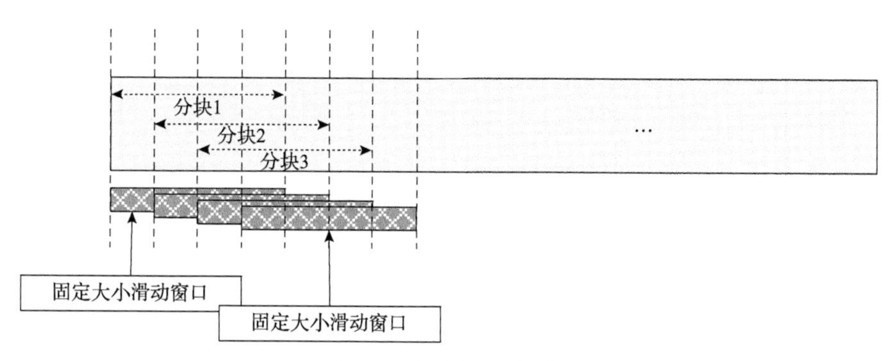

图 2-8　滑动分块示意图

滑动分块算法是一种利用强哈希算法和弱哈希算法相结合的方法来计算滑动窗口内每个重叠块的哈希算法。它有效地解决了插入和删除问题，但无法检测出匹配失败数据段中的重复数据段。在滑动分块算法中，原始文件被划分成长度相同且互不重叠的数据块，并将每个数据块的强哈希值和弱哈希值存储在二维表中。然后，使用一个与原始文件分块长度相同的滑动窗口来计算每个重叠块的弱哈希值，并与先前存储的值进行比较。如果弱哈希值匹配成功，则进一步计算窗口内数据块的强哈希值。如果强哈希值也匹配成功，那么这个数据块就是重复的数据块。否则，窗口继续向前滑动一定的字节长度，直到窗口到达文件末尾。这种算法的优点在于它可以快速地检测出插入和删除操作导致的数据块变化。然而，它无法检测出匹配失败数据段中的重复数据块，因为在匹配失败时，只是将窗口向前滑动，而不会再次计算强哈希值。

2.5　特征指纹采样方法

基于数据包字节分块的冗余流量测量方法需要建立一个特征指纹记录库，用于存储从历史数据包字节分组采样的信息指纹。通过对比待测字节分块映射的信息指纹与特征指纹记录库中的信息指纹是否匹配来识别冗余字节分块。在实际应用中，数据包字节分块不宜过大，否则会影响冗余流量测量的识别粒度。然而，细粒度的冗余流量测量会导致单个数据包字节分组被划分为多个字节分块。如果采样所有字节分块的信息指纹，将不可避免地增加特征指纹记录库的存储和查询成本。特别是在处理连续字节分块生成较长信息指纹序列的情况下，实际应用中可以选择仅采样部分字节分块的信息指纹存入特征指纹记录库，作为历史数据包字节分组的代表属性。因此，数据包字节分块特征指纹采样结果的质量，直接影响了冗余流量测量方法的有效性。这种通过选择代表性的字节分块进行采样的方法有助于在维持测量精度的前提下，降低存储和查询成本。因此，对数据包字节分块特征指纹的选择性采样在优化冗余流量测量方法的性能和效率方面起到了关键作用。

2.5.1　MODP 特征指纹采样方法

MODP 是一种基于模运算的特征指纹采样方法，如图 2-9 所示。首先按定长窗口把数据包字节分组划分为多个连续字节分块，运用 Rabin 指纹算法[23]计算各字节分块的信息指纹，最后将计算的指纹数据通过采样鉴别器，采样鉴别器将会选择模 p 为 0 的特征指纹，并记录对应字节分块的元信息（包括字节分块在缓冲区中的起始偏移，所在字节分组的上、下边界，字节分块关联等四元组信息）。通常情况下，MODP 特征指纹采样方法可以获得 $1/p$ 的采样率。然而，该方法的采样结

果受 p 值影响较大，不同 p 值可能导致采样字节分块分布过密或者过疏，因此，MODP 特征指纹采样方法缺乏均匀性。在 MODP 特征指纹采样方法中，参数 w 表示感兴趣的最小匹配大小。较小的 w 将有助于识别更多匹配项，但可能会丢失较大匹配项。w 的典型值为 12～64B。对于有效负载为 S 字节的数据包，$S \geqslant w$，总共生成 $S-w$ 个指纹。由于 $S \gg w$，这些指纹的数量大致与数据包中的字节数相同。由于无法存储所有的指纹，系统会从中选取一部分指纹，要求其值对参数 p 取模为 0(为了便于计算，p 的取值选择为 2 的幂次方)。这种选择指纹与其位置无关，因此对重新排序、插入和删除操作具有较好的鲁棒性。在某些情况下，如果无法根据 MODP 选择标准选出指纹，系统将要求每个数据包至少选择一个指纹。参数 p 控制指纹存储的内存开销，p 的典型值为 32～128B。例如，每 1500B 数据包使用 16 个指纹(或 $p \approx 90$B)会导致索引内存开销为缓存大小的 50%。

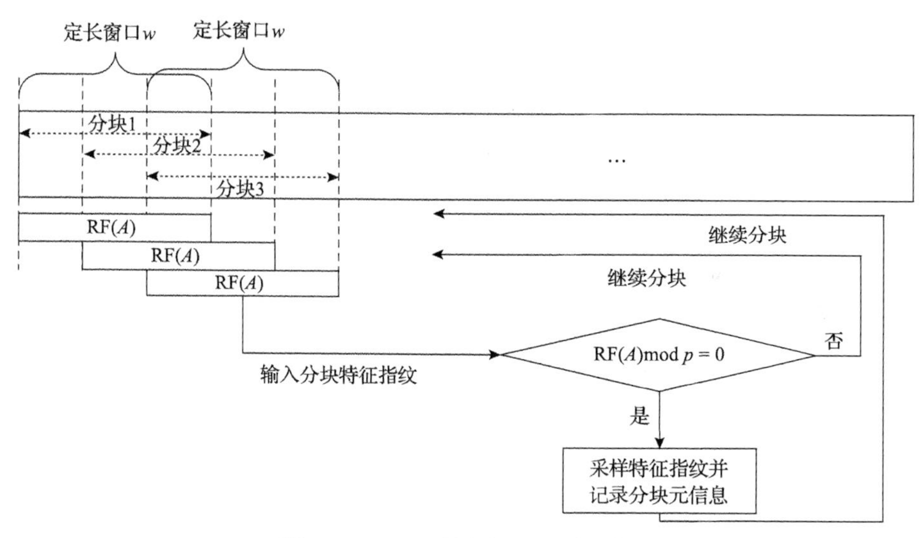

图 2-9　MODP 特征指纹采样示意图

2.5.2　MAXP 特征指纹采样方法

MAXP(maximal point selection)是一种基于区间最大值优先的特征指纹采样方法，如图 2-10 所示。首先按照定长窗口 P 把数据包字节分组划分为多个字节分块，然后依次选择每个字节分块内最大的字节作为定长分块的起始边界；最后按预先设定的信息指纹计算方法分别计算每个字节分块对应的信息指纹，并记录对应字节分块的元信息。MAXP 特征指纹采样方法以每 P 字节采样一个特征指纹的方式，确保统一的字节分块分布密度，每个字节分组对应的有效采样特征指纹个数与字节分组长度呈正相关性。从算法角度看，MAXP 特征指纹采样方法克服了 MODP 特征指纹采样方法采样字节分块分布密度不均匀的不足。在 MODP 特征指纹采样方法中，计算了大量的指纹，但是很多指纹并没有被采样。而 MAXP 特征指纹采样方法会选择每个字节分块内的最大值计算指纹，确保了采样的均匀性和覆盖性。这样，MAXP 特征指纹采样方法能够更有效地生成特征指纹，并记录相关的元信息。

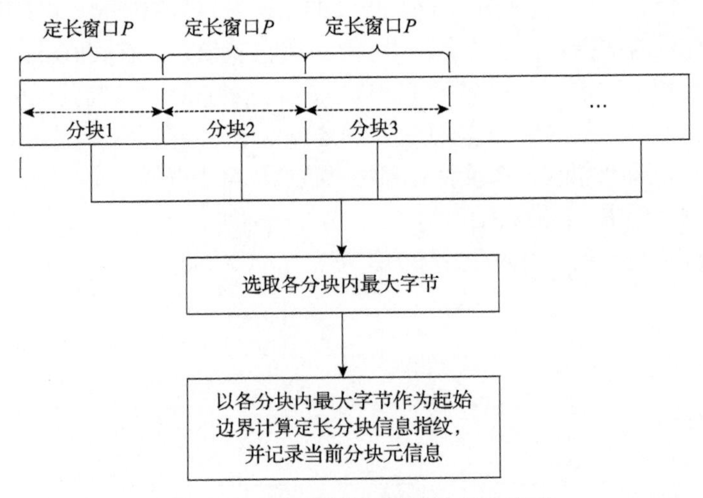

图 2-10　MAXP 特征指纹采样示意图

在冗余流量测量应用中，尽管 MAXP 特征指纹采样方法已被验证具有与 MODP 特征指纹采样方法相当或更高的采样能力，然而该方法缺乏一定的公平性。明显地，MAXP 特征指纹采样方法在每个窗口范围内倾向于选择取值较大的单字节作为采样起点。因此，当取值较小的单字节作为起始边界的字节分块时，即使冗余率较高也不容易被识别。这种取值较大单字节字符采样优先的非公平采样，导致冗余流量测量的最终结果以取值较大单字节作为起始边界的字节分块占比偏高，可能遗漏大部分以取值较小单字节作为起始边界的冗余字节分块。

2.5.3　SAMPLEBYTE 特征指纹采样方法

SAMPLEBYTE 是一种基于查找表的特征指纹采样方法，如图 2-11 所示。首先，通过样本训练的方法获得 256 个不同单字节字符在冗余字节分块的起始边界上的出现频率，并以 $1/p$ 的采样率选择出现频率较高的 $256/p$ 个单字节字符建立查找表 T；然后，按照索引指示将字节分组中的单字节字符依次读入采样鉴别器，选择查找表 T 中对应选项置 1 的字符作为采样字节分块的起始边界；如果采样成功，则按既定的信息指纹计算方法获取当前定长分块映射的信息指纹，并记录其对应的元信息，当前索引会增加定长分块大小一半的数值，继续采样循环，否则，索引加 1 执行采样循环。

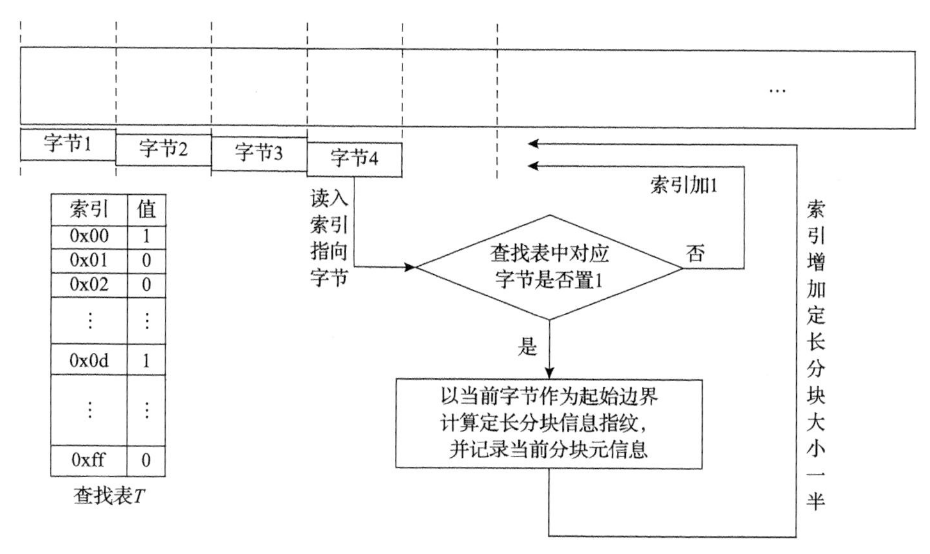

图 2-11　SAMPLEBYTE 特征指纹采样示意图

从执行的运算开销来看，线性相关的逻辑设计确保 SAMPLEBYTE 特征指纹采样方法是一种较为节省资源的采样策略[24]。然而，基于查找表 T 的采样鉴别器受训练样本干扰较大。网络流量随着时间和地点变化而不同，通过样本训练建立的查找表 T 具有一定的局限性，无法捕捉冗余流量字节分块的动态变化属性。在查找表 T 中，记录项被置为 0 的单字节字符，永远不能被采样鉴别器选择作为采样特征指纹对应字节分块的起始边界值。与 MAXP 特征指纹采样方法相似，基于查找表 T 的 SAMPLEBYTE 特征指纹采样方法在一定程度上存在字节公平性的不足，这可能导致采样特征指纹对应的字节分块在数据包字节分组范围内分布密度不均匀。

2.5.4　DYNABYTE 特征指纹采样方法

DYNABYTE 特征指纹采样方法在 SAMPLEBYTE 特征指纹采样方法的基础上进行优化，是一种基于查找表动态更新的特征指纹采样方法。如图 2-12 所示，DYNABYTE 特征指纹采样方法与 SAMPLEBYTE 特征指纹采样方法相比，增加了统计采样特征指纹对应字节分块中单字节字符出现频率的功能，还增加了利用统计信息动态调整查找表 T 中有效选项的功能。随着冗余流量测量过程的动态变化，查找表 T 中某些预设的标记字符识别冗余字节分块的能力会不断减弱，与之对应的其他单字节字符在冗余字节分块中出现的频率将提高。在确保最低采样率的前提下，利用最新统计的字符出现频率信息，动态替换查找表 T 中对应字符出现频率较小的元素。这种随冗余流量测量过程动态更新查找表的方式，与 SAMPLEBYTE 特征指纹采样使用查找表的方式相比，可以更有效地捕获冗余流量动态变化属性，提高测量精度和效果。

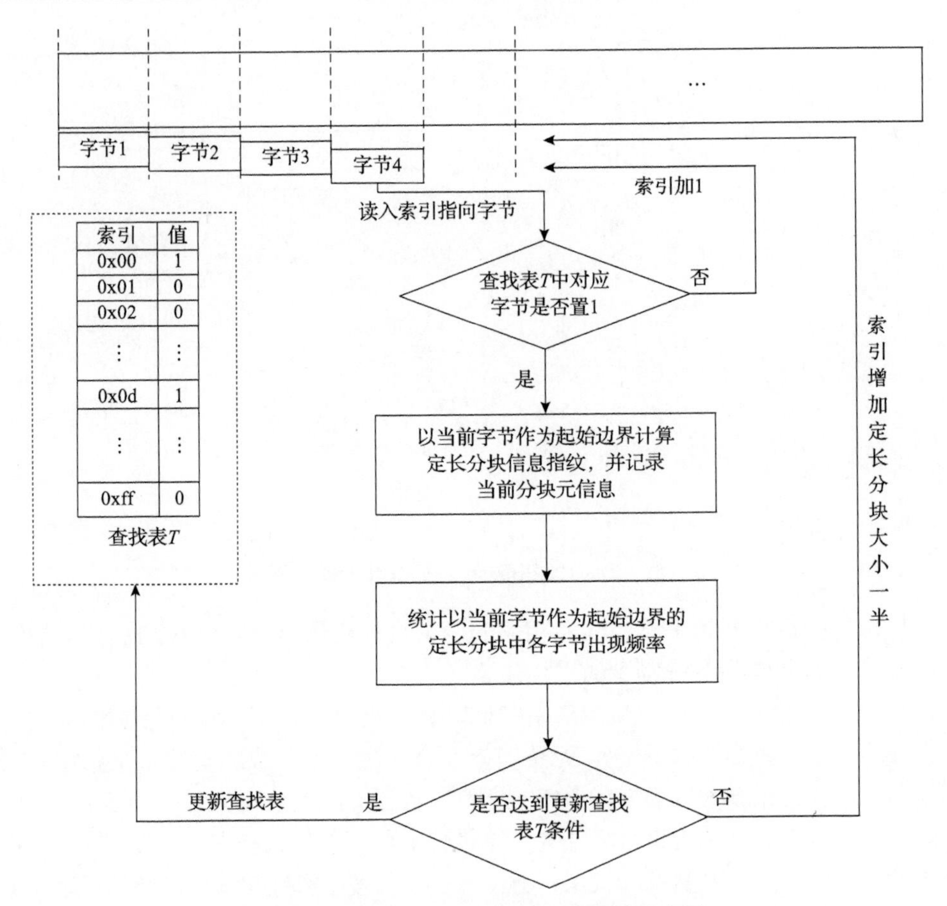

图 2-12　DYNABYTE 特征指纹采样示意图

然而，DYNABYTE 特征指纹采样方法的最终测量值主要取决于冗余字节分块中单字节字符出现的频率。对于数据包字节分组而言，这种采样方式不能使采样特征指纹对应字节分块在整个字节分组范围内均匀分布，可能导致丢失某些字节分组。

参 考 文 献

[1] Deri L, Via N S P A, Km B, et al. Improving passive packet capture: Beyond device polling//The 4th International System Administration and Network Engineering Conference, Amsterdam, 2004: 85-93.

[2] Tsitovich I. Group polling method upon the independent activity of sensors in unsynchronized wireless monitoring networks//Distributed Computer and Communication Networks, Moscow, 2019: 23-27.

[3] Imputato P, Avallone S. Enhancing the fidelity of network emulation through direct access to device buffers. Journal of Network and Computer Applications, 2019, 130: 63-75.
[4] Rizzo L, Deri L, Cardigliano A. 10Gbit/s line rate packet processing using commodity hardware: Survey and new proposals. Computer Systems Science and Engineering, 2011: 1-8.
[5] García-Dorado J L, Mata F, Ramos J, et al. High-performance network traffic processing systems using commodity hardware//Biersack E, Callegari C, Matijasevic M. Data Traffic Monitoring and Analysis. Heidelberg: Springer, 2013: 3-27.
[6] 段小芳，刘丹．内存映射技术在大数据存储应用中的研究．通信技术，2020，53(5)：1174-1178.
[7] Zhirkov I. Low-level Programming: C, Assembly, and Program Execution on Intel 64 Architecture. Berkeley: Apress, 2017.
[8] 成杏梅, 刘鹏, 顾雄礼, 等. 支持多线程处理器的实时操作系统实现研究. 浙江大学学报(工学版), 2009, 43(7): 1177-1181.
[9] Miniskar N R, Liu F, Vetter J S. A memory efficient lock-free circular queue//2021 IEEE International Symposium on Circuits and Systems, Daegu, 2021: 1-5.
[10] 郑亚光，潘久辉．一种基于滑动分块的重复数据检测算法．计算机工程，2016，42(2)：38-44.
[11] Mirheidari S A, Arshad S, Onarlioglu K, et al. Cached and confused: Web cache deception in the wild//The 29th USENIX Security Symposium, Boston, 2020: 665-682.
[12] 谢希仁. 计算机网络. 8版. 北京: 电子工业出版社, 2021.
[13] Nguyen Q N, Liu J, Pan Z N, et al. PPCS: A progressive popularity-aware caching scheme for edge-based cache redundancy avoidance in information-centric networks. Sensors, 2019, 19(3): 694-711.
[14] Bobbarjung D R, Jagannathan S, Dubnicki C. Improving duplicate elimination in storage systems. ACM Transactions on Storage, 2006, 2(4): 424-448.
[15] Quinlan S, Dorward S. Venti: A new approach to archival storage// FAST '02 Conference on File and Storage Technologies, Monterey, 2002: 89-102.
[16] Kubiatowicz J, Bindel D, Chen Y, et al. OceanStore: An architecture for global-scale persistent storage. ACM SIGOPS Operating Systems Review, 2000, 34(5): 190-201.
[17] Muthitacharoen A, Chen B, Mazières D.A low-bandwidth network file system// Proceedings of the Eighteenth ACM Symposium on Operating Systems Principles, Banff, 2001: 174-187.
[18] Bhagwat D, Pollack K, Long D D E, et al. Providing high reliability in a minimum redundancy archival storage system//The 14th IEEE International Symposium on Modeling, Analysis, and Simulation, Monterey, 2006: 413-421.
[19] Moreton T D, Pratt I A, Harris T L. Storage, mutability and naming in Pasta// Web Engineering

and Peer-to-Peer Computing: Networking 2002 Workshops, Pisa, 2002: 19-24.

[20] You L L, Pollack K T, Long D D E. Deep store: An archival storage system architecture//The 21st International Conference on Data Engineering, Tokyo, 2005: 804-815.

[21] Cox L P, Murray C D, Noble B D. Pastiche: Making backup cheap and easy. ACM SIGOPS Operating Systems Review, 2002, 36(SI): 285-298.

[22] Lee W, Park C. An adaptive chunking method for personal data backup and sharing//The 8th USENIX Conference on File and Storage Technologies, San Jose, 2010.

[23] Rabin M O. Fingerprinting by random polynomials. Cambridge:Harvard University, 1981.

[24] Cormen T H, Leiserson C E, Rivest R L, et al. 算法导论. 殷建平, 徐云, 王刚, 等译. 3 版. 北京: 机械工业出版社, 2012.

第 3 章　基于均匀采样的冗余流量动态跟踪识别方法

受用户兴趣模型与数据驱动的影响，边缘网络中具有相同兴趣爱好的用户对网络资源的请求通常收敛于一个包含相同或相似资源的相交子集，这类网络行为可能会导致网络流量高并发现象，进而造成服务器压力大、性能下降。此外，现有互联网技术主要以 HTTP、TCP/IP 等“请求/响应”的模式传播网络数据，在用户兴趣模型驱动效应的叠加作用下，这种网络传播方式无法感知特定链路中存在的重复数据，从而在传输链路中产生大量冗余流量。冗余流量的传输意味着有限链路带宽资源的浪费，降低了网络资源的有效利用率，尤其影响低带宽用户的网络资源服务质量。

当前，以 MODP、MAXP、SAMPLEBYTE 和 DYNABYTE 等方法为代表的冗余流量测量技术，以数据包字节分块为测量识别粒度，能够更细致地刻画网络流量，更准确地识别和定位网络问题。通过调整字节级别的分块大小，选择性地关注网络流量中的某些特定部分，更好地对网络进行分析和优化。但这些方法存在零采样风险、采样字节缺乏公平性和训练样本依赖性强等问题。因此，本章为冗余流量提出了一种基于均匀采样和动态跟踪(uniform sampling and dynamic tracking，USDT)的识别方法。USDT 以原始数据包字节分块的哈希指纹作为采样对象，确保了采样过程具有较高的字节公平性，同时能很好地捕获冗余流量动态属性特征。

3.1　分块指纹计算方法

分块指纹是指数据包字节经过分块算法处理后得到的一个限定于特定范围内的随机数[1]，具有唯一和防篡改的特性。计算所得的随机数类似于人类指纹，不同字节分块间通常不存在两个完全相同的信息指纹。指纹计算方法易于查找，并且可以压缩存储原始信息所需的字节空间。因此，指纹计算广泛应用于信息加密和数据压缩等任务中。常见的信息指纹计算方法有消息摘要(message-digest 5，MD5)算法、Jenkins 哈希算法、Rabin 指纹算法等[2-4]。

MD5 算法对输入的消息进行多轮循环变换(包括位移、异或、模运算、添加常量等操作)，最终产生一个不可逆的哈希值。对于不同的输入消息，其哈希值唯一且不可逆向推导出原始消息。由于算法结果具有唯一性和不可逆特性，所以常用于保护数据的完整性和安全性，防止数据篡改和泄露。然而，实际应用中仍然存在一些安全漏洞，如碰撞攻击、预映射攻击等。

Jenkins 哈希算法是一种经典的哈希算法，被认为是速度和均匀性兼备的哈希函数，通过多轮非线性变换对输入数据进行混淆和扰动，最终将其映射为一个 32bit 或 64bit 整数哈希值，算法的输出结果具有比较均匀的分布特性。

MD5 算法和 Jenkins 哈希算法都具有较高的计算复杂度，导致运算所需的资源开销较大。基于第 2 章描述的冗余流量测量方法，需要采用连续滑动窗口对数据包字节分组进行连续分块的操作。Rabin 指纹算法是一种较为理想的冗余流量测量数据包字节分块指纹计算方法。

Rabin 指纹算法基于多项式理论实现，针对连续字节分块的特殊情况，该算法可以有效利用当前数据包字节分块的信息指纹快速计算下一紧邻数据包字节分块的信息指纹，将较大数据包的信息指纹序列运算开销限定在合理的线性范围内。

如图 3-1 所示，长度为 l 的数据包字节分组，以 β 字节为滑动窗口，将其划分为 $l-\beta+1$ 个连续字节分块，每个字节分块经过 Rabin 指纹算法计算所得的信息指纹分别为 $\mathrm{rf}_1,\mathrm{rf}_2,\cdots,\mathrm{rf}_{l-\beta+1}$。

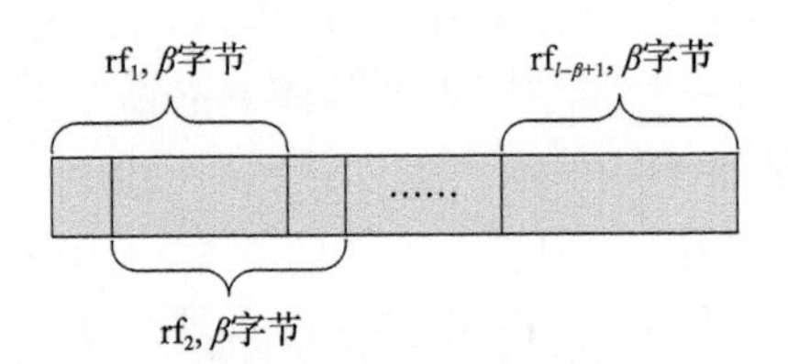

图 3-1　滑动分块 Rabin 指纹计算示意图

数据包字节分块是由窗口大小 β 限定的单字节所构成的序列 $\{t_1,t_2,\cdots,t_\beta\}$，$t_i\in\{S\,|\,$取值为 0～255bit 的字符集$\}$，$1\leqslant i\leqslant l$（$l$ 为数据包全部字节长度）。Rabin 指纹算法的基本执行原理表达式如下所示：

$$\mathrm{rf}(t_1,t_2,\cdots,t_\beta)=(t_1p^{\beta-1}+t_2p^{\beta-2}+\cdots+t_{\beta-1}p^1+t_\beta p^0)\bmod M \tag{3-1}$$

其中，为方便计算，p 取值 2；M 取值 0x100000000，限定字节分块对应的信息指纹计算结果取值保持在 32bit 的有效范围内。作为 Rabin 指纹算法执行运算的基本单元，本节描述的数据包字节分块采用固定大小的窗口执行连续滑动策略，且每次窗口移动步进为单字节。因此，以单字节滑动策略生成的分块划分结果在 Rabin 指纹算法的运算环境中具有出色的连续性。经过优化，除第一个字节分块外，后续连续字节分块能够依次计算与各字节分块关联的信息指纹，该方法的表达式如下所示：

$$\mathrm{rf}(t_2,t_3,\cdots,t_{\beta+1})=((\mathrm{rf}(t_1,t_2,\cdots,t_\beta)-t_1p^{\beta-1})p+t_{\beta+1}p^0)\bmod M \tag{3-2}$$

进一步，将式(3-2)展开为

$$\begin{aligned}&\mathrm{rf}(t_2,t_3,\cdots,t_{\beta+1})\\&=((t_1p^{\beta-1}+t_2p^{\beta-2}+t_3p^{\beta-3}+\cdots+t_\beta p^0-t_1p^{\beta-1})p+t_{\beta+1}p^0)\bmod M\end{aligned} \tag{3-3}$$

对式(3-3)整理后得到

$$\mathrm{rf}(t_2,t_3,\cdots,t_{\beta+1})=(t_2p^{\beta-1}+t_3p^{\beta-2}+\cdots+t_\beta p^1-t_{\beta+1}p^0)\bmod M \tag{3-4}$$

式(3-4)的计算方法与式(3-1)一致。优化后的计算方法可以有效地利用先前的运算结果，将减法、乘法、加法和取模运算各执行 1 次便得到后续定长字节分块的信息指纹。与式(3-1)所示的 Rabin 指纹算法相比，基本方法的运算复杂度与字节分块长度的平方成正相关，优化后的方法可以在常数时间范围内快速计算字节分块关联的信息指纹。因此，式(3-2)所示的优化方法执行效率高，在很大程度上优化了 USDT 方法的整体性能。

在式(3-2)中，对上一字节分块的起始字节与 $p^{\beta-1}$ 的乘积做减法运算。如果每次都重新计算该乘积，优化方法的常数时间复杂度执行效率会受到影响。

在 Rabin 指纹算法的具体实现步骤中，预先建立一张由 256 个独立元素构成的查找表 T，表中的每一项依次是以 0 为起始的索引值与 $p^{\beta-1}$ 的乘积。以字节分块的起始字节作为索引，在查找表 T 中快速检索式(3-2)减法运算的操作对象，其中 $t_xp^{\beta-1}$ 对应于查找表 T 中的元素 $T_{t_x}, t_x\in\{S|$取值为 0～255bit 的字符集$\}$。

Rabin 指纹算法是一种高效的数据包字节分块指纹计算方法，它使用既定的运算规则建立不同数据包字节分块与各分块信息指纹之间的映射关系。通常符合两点条件：

$$\mathrm{rf}(A)=\mathrm{rf}(B)\Rightarrow A=B,\quad A、B\text{为字节分块} \tag{3-5}$$

$$\{\Pr(\mathrm{rf}(A)=\mathrm{rf}(B))\mid A\neq B\}=\text{小概率事件} \tag{3-6}$$

由于 Rabin 指纹算法计算的信息指纹是一个限定于 32bit 的数值，冗余流量测量通过简单的信息指纹数值能比较快速地识别相同的数据包字节分块。式(3-6)中在误差允许范围内的哈希冲突是可以接受的。同时，USDT 方法将在贪婪内容匹配识别方法中，通过原始数据内容匹配识别方法来避免对测量结果产生影响的小概率哈希冲突事件的发生。

3.2　贪婪内容匹配识别方法

USDT 方法采用滑动分块对数据包字节分组进行分块。由于滑动分块是基于定长窗口原则连续划分字节分块，仅靠这种单一的分块策略难以识别出已匹配字节分块前后紧邻的冗余字节。贪婪内容匹配识别方法与贪婪指纹选择算法的设计思想类似[5]，都是基于两个数据包中匹配片段相邻的前后两个不同片段的思想实现的，用于直接统计在数据包字节分组间存在的冗余字节分块。

如图 3-2 所示，贪婪内容匹配识别方法首先定位定长字节分块，由匹配特征指纹映射到数据包分组缓冲区中(待测数据包中任意分块的特征指纹在采样特征指纹记录库中查找到匹配项，则说明该分块与数据包分组缓冲区中某分块相同的概率较大)，并校验待测字节分块与数据包分组缓冲区内定长分块的字节内容是否完全一致。通过这种内容校验可以有效避免哈希冲突造成的冗余流量误识别问题，以修正 USDT 方法的冗余流量识别精度。

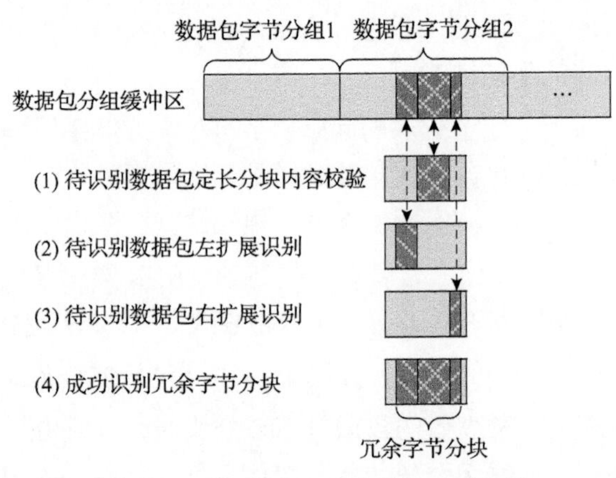

图 3-2　贪婪内容匹配识别方法示意图

如图 3-2 所示，在定长分块内容校验成功的情况下，需要调整对齐待测数据包和分组缓冲区中定长分块的左边界，然后在有效分组范围内逐字节向左检测剩余字节，持续检测，直到出现字节匹配失败的结果。接下来执行同样过程，需要依次调整对齐待测数据包和分组缓冲区中定长分块的右边界，然后在有效分组范围内逐字节向右检测剩余字节，直到字节匹配失败。最后，统计所有匹配的连续字节分块。这一过程有助于识别和提取连续匹配的字节分块，从而进一步处理数据。

在传统定长分块识别方法中，单次特征指纹匹配最多只能识别固定大小的字节分块。而贪婪内容匹配识别方法在传统定长分块识别方法的基础上，通过左右延展匹配策略识别出更多的冗余字节分块，在一定程度上提高了特征指纹查询匹配的识别性能。

3.3　均匀采样方法

将第 2 章描述冗余流量测量方法中的特征指纹采样方法分为两类：一类是基于数据包字节分布特征的特征指纹采样方法，如 MODP 和 MAXP 特征指纹采样方法；另一类是基于数据包单字节字符出现频率统计信息的特征指纹采样方法，如 SAMPLEBYTE 和 DYNABYTE 特征指纹采样方法。以上两类特征指纹采样方法是基于不同的设计理论实现的，除 MAXP 特征指纹采样方法外，其他三种都存在采样特征指纹对应字节分块在数据包字节分组范围内分布不均匀的缺陷。而 MAXP 特征指纹采样方法存在字节取值不均的缺陷，即取值较大单字节字符优先的采样策略不符合采样公平性原则。

针对采样特征指纹对应字节分块存在的分布不均匀问题，本节描述的应用于 USDT 方法中的特征指纹均匀采样方法，能够有效解决上述问题。该方法融合了 MODP 特征指纹采样方法中连续字节分块划分策略，结合 MAXP 特征指纹采样方法选择最大值采样的思想。此外，均匀采样方法在字节分组生成的信息指纹序列上利用滑动窗口，限定了每次执行采样操作的有效序列区间，确保最终采样特征指纹对应字节分块在数据包字节分组范围内的均匀分布。不同于 MAXP 特征指纹采样方法中针对单字节字符的最大值优先采样原则，USDT 利用均匀采样方法实现最大值优先，即针对字节分块经过 Rabin 指纹算法处理后生成的信息指纹序列应用最大值优先采样原则。这种通过采样鉴别器识别对象的简单变换方式，有效地规避了传统最大值优先采样原则可能导致对待不同字节缺乏公平性的问题。

如图 3-3 所示，特征指纹序列由长度为 l 的字节分组按照 β 大小的滑动窗口划分连续字节分块，并经过 Rabin 指纹算法处理后生成。均匀采样方法以图 3-3 虚线框选中的 w 个窗口为采样空间，每次选择窗口内取值最大的信息指纹作为采样对象。由于该窗口每次滑动一个单位字节，且 $w>1$，所以存在采样窗口重叠的情况。为了避免同一特征指纹的过采样，每次采样后需要检测当前采样对象是否与已采样信息指纹重复。如果信息指纹过采样，则只保留第一次采样副本。在最坏情况下，w 个连续窗口均采取唯一的特征指纹，因此数据包字节分组对应的最低采样率为 $1/[\beta+2(w-1)]$，其中，$\beta+2(w-1)$ 表示一个采样空间的总覆盖长度，包括窗口本身的长度和两侧的间隔。

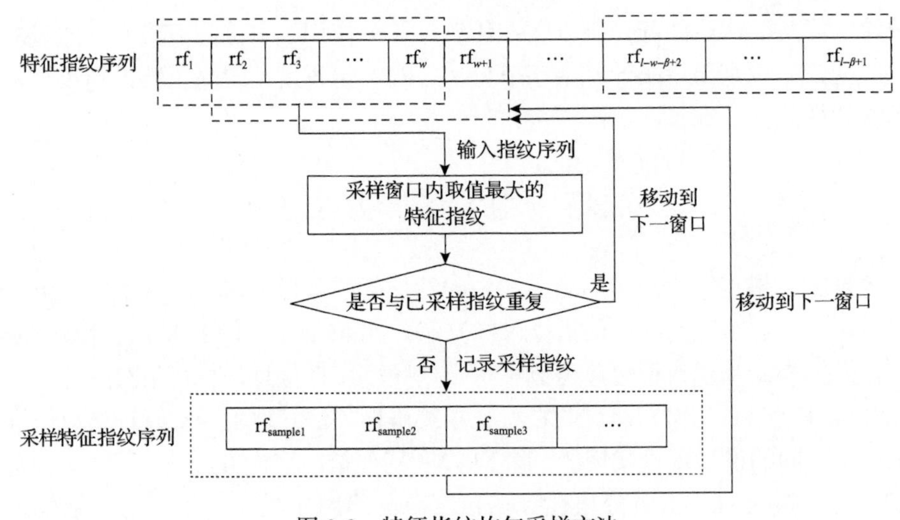

图 3-3　特征指纹均匀采样方法

3.4　动态跟踪方法

传统的流量测量方法主要关注流量速率属性，具有明显的统一性。然而，从流量字节内容来看，动态变化特征更能挖掘出其潜在的规律。动态跟踪(dynamic tracking，DT)方法主要用于管理采样特征指纹库中匹配记录的映射信息。

受信息热度启发，在冗余流量测量中已识别的冗余字节分块被重复请求传输的概率较高。网络冗余流量产生的主要原因是共享同一特定链路的信息请求传输相同或相似的资源。因此，具有高热度的信息资源容易吸引更多的关注。特征指纹动态跟踪方法通过迭代更新的方式匹配信息指纹，并将其映射到数据包缓存空间的索引指针，以延长匹配特征指纹的有效生命周期，并尽可能获取更多冗余流量的测量收益。

如图 3-4 所示，数据包字节分组依次输入冗余流量测量系统，将其按先进先出(first in first out，FIFO)的规则存入固定大小的数据包缓存空间。特征指纹库中存储的采样信息指纹分别映射到对应的字节分块在数据包缓存空间中的特定偏移。如果在待测数据包字节分组所生成的特征指纹序列中，有任意一项与特征指纹库中的记录相匹配，则将匹配特征指纹映射于数据包缓存空间中的偏移指针，指向当前分组的特定偏移位置。由于数据包缓存空间存储能力的限制，缓存饱和后将刷新最早缓存的数据包字节分组，预留空间存储待处理的数据包字节分组。同时，特征指纹库中偏移指针指向老化空间范围的信息指纹已失效，必须将其同步清除、更新，以避免无效查询。依照上述方法更新匹配特征指纹的索引指针，并将其指向最新字节分组的特定偏移位置，在防止其指向老化区域的同时，避免了具有特征指纹随数据包缓存空间的老化而失效的现象。动态跟踪方法是基于特征指纹库和数据包缓存空间的综合管理策略，紧密融合先进先出规则和 LRU 算法的理论。其中 LRU 算法在动态跟踪方法中将匹配距离最近的特征指纹，将它作为老化刷新的首选对象。

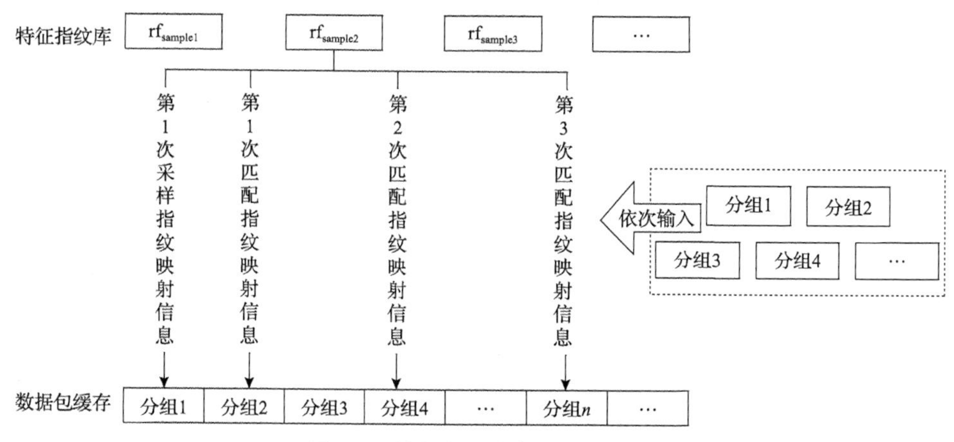

图 3-4　特征指纹动态跟踪示意图

动态跟踪方法通过延长匹配特征指纹的有效生命周期，在一定程度上确保了能识别频繁出现冗余字节分块的连续性。与单独使用先进先出规则的测量方法相比，动态跟踪方法具有一定的流量变化适应能力，容易捕获冗余字节分块的动态属性特征。

3.5　识别方法的实现

本节描述一种基于均匀采样的冗余流量动态跟踪识别方法，其详细流程如下所述。

第一步，将数据包字节以固定大小 β（在数据样本实际测量中，β 取值为 16，文献[6]指出 β 的典型取值范围是 12～64B，取值越小，识别率越高，存储所需的开销也越大）划分成连续字节分块，每个字节分块起始边界之间的距离为 1B。第二步，将划分好的连续字节分块作为目标对象，执行 Rabin 指纹算法计算每个字节分块映射的特征指纹，生成特征指纹序列（其中，Rabin 指纹算法的具体执行如式（3-1）、式（3-2）所示）。第三步，用生成的特征指纹序列创建一个查找循环，在特征指纹库中查找匹配记录。如果循环结束则跳转到第四步，否则：①若匹配失败，则跳转到第三步，继续循环测试；②若匹配成功，则按贪婪内容匹配识别方法统计当前冗余字节分块的最大冗余字节总数，同时记录当前序列中匹配成功的特征指纹，然后跳转到第三步，继续循环测试。第四步，检测数据包字节分组缓存（在数据样本实际测量中，缓存大小为 200MB）是否还有足够的空间。若无，则按预先设定的大小（40MB）刷新老化缓存区，并同步清除特征指纹库中失效的特征指纹。第五步，从缓存预留空间的起始边界开始存储当前数据包字节分组。第六步，以第二步生成的特征指纹序列作为对象，执行均匀采样操作（其中窗口 w 取值为 32B，文献[6]指出 w 的典型取值范围是 32～128B，取值越小采样率越大，采样所需的开销也越大），并将采样结果与特征指纹库同步更新。第七步，在特征指纹库中，更新第三步所记录匹配特征指纹映射的索引指针，指向当前字节分组在缓存空间中的特定偏移，延长匹配特征指纹的有效生命周期，实现特征指纹动态跟踪，如图 3-5 所示。

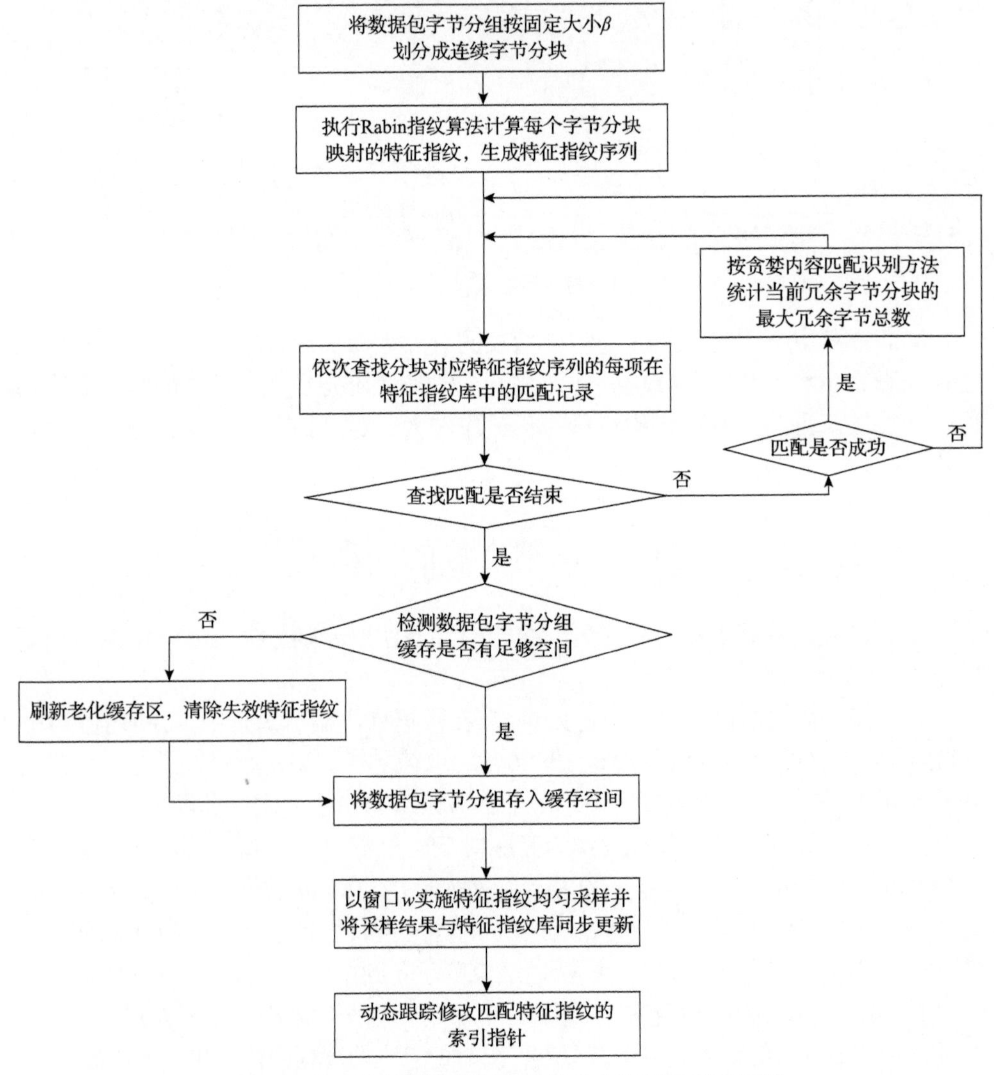

图 3-5　基于均匀采样的冗余流量动态跟踪识别流程图

3.6　实验与结果分析

为提高测量冗余流量数据的准确性和科学性，本节基于某校园网数据包样本，通过实验验证 USDT 方法的有效性。在校园网实验平台核心交换机上设置镜像端口，通过千兆网线连接数据包采集平台，应用基于 PF_RING 的高速数据包捕获软件采集校园网数据包样本。流量样本的用户群体以实验楼学生为主，包括流经测量节点且携带完整数据的双向数据包。根据实验楼用户的特殊情况，筛选了一周内五天中的某一时间段，连续 1 小时的数据包样本作为分析的流量对象，共计样本Ⅰ、样本Ⅱ、样本Ⅲ、样本Ⅳ、样本Ⅴ五个样本。

3.6.1　冗余流量测量效率

USDT 方法以数据包字节分块为测量粒度。在样本Ⅲ中，连续 1 小时范围内每秒的冗余流量与负载流量识别比率情况如图 3-6 所示，识别比率高达 22.75%。

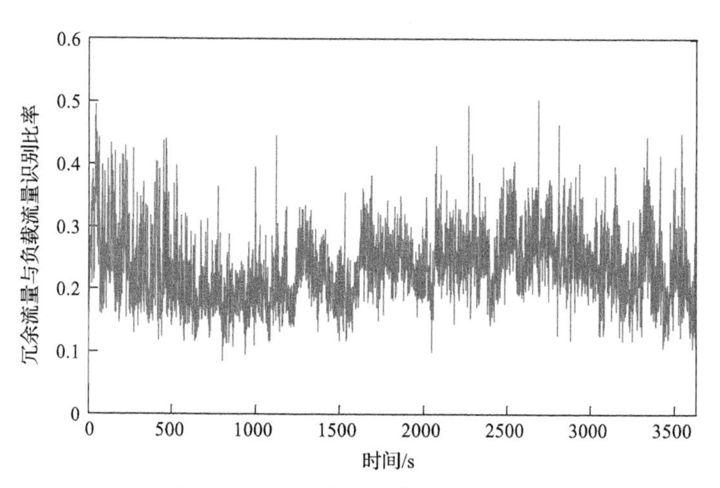

图 3-6　冗余流量与负载流量识别比率

识别比率(identification rate，IR)计算表达式如下所示：

$$\text{识别比率}=\frac{\text{冗余流量}}{\text{负载流量}} \tag{3-7}$$

识别比率越大，说明 USDT 方法识别的冗余流量成分越多；否则，反之。其他四组样本可得类似结果，冗余流量识别比率统计情况如表 3-1 所示。

表 3-1　冗余流量识别比率

样本	冗余流量/B	负载流量/B	识别比率/%
I	3891334548	17895857742	21.74
II	7663373132	32463055327	23.61
III	5656854013	24867284746	22.75
IV	4972204325	24076615574	20.65
V	3426063623	17511668264	19.56

比率方差通常用于衡量两个随机变量之间的相关性或关联程度。因此，USDT 方法具有较小的识别比率方差(variance of identification rate，VIR)，表明对于不同样本，USDT 方法具有相对稳定的冗余流量识别能力，可以有效应用于校园网冗余流量测量研究，识别比率方差的表达式如下所示：

$$\mathrm{VIR}=\frac{(\mathrm{AIR}-\mathrm{IR}_1)^2+(\mathrm{AIR}-\mathrm{IR}_2)^2+\cdots+(\mathrm{AIR}-\mathrm{IR}_N)^2}{N} \tag{3-8}$$

其中，AIR 为 N 组样本冗余流量的平均识别比率(average identification rate，AIR)；IR_i 为每组样本冗余流量的识别比率，$i\in[1,N]$；N 为样本总数。

数据分析结果显示，USDT 方法在五组不同样本中的最高冗余流量识别比率达 23.61%，平均识别比率为 21.66%，识别比率方差为 2.08。与现有测量技术相比，USDT 方法达到与之相当的冗余流量识别能力。

3.6.2　数据宏观分析

1. 冗余流量时间分布特征

随着无标度网络现象的揭示，幂律定律表明[7-10]，尽管网络空间中网络连接总数较大，但是能长期吸引用户访问兴趣的仅仅是其中的较小子集。访问目标范围的收敛必然形成大量的重复资源请求，导致相同字节内容被反复传输，造成大量的冗余流量。自相似性意味着局部以某种方式与整体相似，由统计意义表述，即局部适当放大后，与整体具有相同的统计分布[11]。Leland 等[12]明确提出网络流量存在自相似性现象，打破了以往一直沿用泊松模型进行流量分析的壁垒，开辟了数据流量分析的新模式。随后，Klivansky 等[13]在美国国家科学基金会网络(NSFNET)流量、Paxson 等[14]在 WAN 流量和 Crovella 等[15]在万维网流量中都陆续发现和证实了流量的自相似性特征。

网络流量大时间尺度下的自相似性是目前较为显著的统计特性之一[16]。然而，作为其伴生流量的冗余流量需要实际测量才能确认是否也具有类似的自相似性特征。根据自相似性理论，网络流量的自相似程度通过计算 Hurst 指数的大小来判断[17, 18]。通常，Hurst 指数有如下三种不同的取值形式[19]：

(1) 若 $H = 0.5$，则为标准的布朗运动，此时序列可用随机游走来表示，表现出马尔可夫链特性；

(2) 若 $H \in (0, 0.5)$，则具有反持续性，数据倾向于返回历史点，比标准布朗运动慢；

(3) 若 $H \in (0.5, 1)$，则具有持续性，暗示长期或无周期循环，在时间序列上出现混沌现象，难以依靠过去的历史数据预测未来数据。

图 3-7 显示了样本 III 中应用层数据包负载的网络流量时间序列图，而图 3-8 则显示了样本 III 经过 USDT 方法识别后的冗余流量时间序列图。在实验图中时间间隔为 1s，流量以字节为单位。观察到图 3-7 和图 3-8 所示的流量时间序列图都不具有明显的周期性，其突出峰值之间的间隔不规则且不一致，呈现混沌状态。

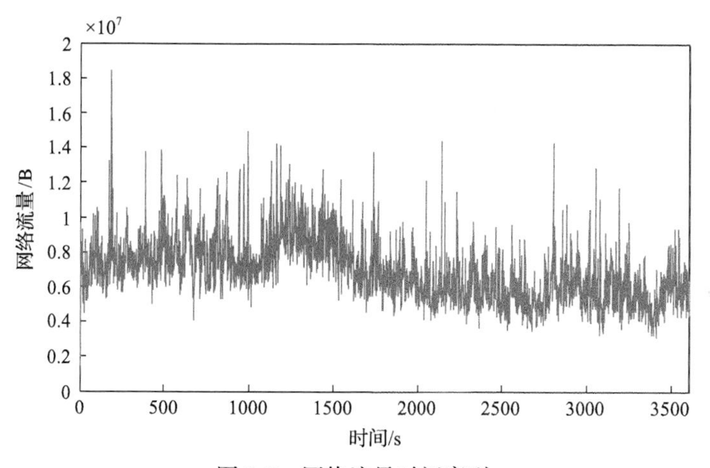

图 3-7　网络流量时间序列

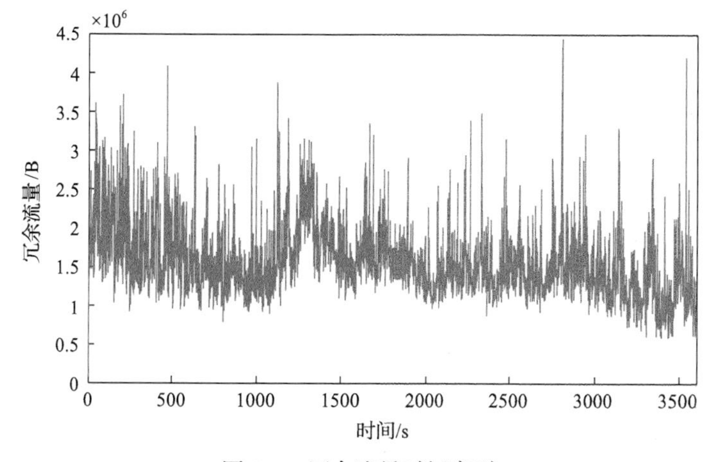

图 3-8　冗余流量时间序列

这种混沌状态表明了网络流量的复杂性和多样性，以及USDT方法的重要性。通过对这些数据的识别和分析，读者能够更好地理解和管理网络流量中的冗余部分，从而提高网络效率和性能。

重标极差分析方法具有较高的鲁棒性，对序列分布特征无特殊要求。根据R/S分析方法，五组不同数据包样本处理的实验结果如表3-2所示。测量结果显示，冗余流量和网络流量的Hurst指数都大于0.5，表现出典型的自相似性特征。

表3-2　流量Hurst指数

样本	冗余流量Hurst指数	网络流量Hurst指数
I	0.70	0.89
II	0.85	0.92
III	0.87	0.93
IV	0.82	0.82
V	0.77	0.81

文献[20]总结了网络流量自相似性成因之一与网络文件大小的重尾分布特征有关。在USDT测量结果中，发现不同冗余字节分块大小对冗余流量识别贡献率同样存在类似的重尾分布，导致分布不均衡而产生混沌状态。冗余流量在时间序列上的自相似性特征，在一定程度上影响了USDT方法中缓存空间的管理机制。当重尾分布左端的识别贡献率总和达到较高比值时，有针对性地选择潜在识别贡献率较大的数据包字节分组作为测量对象，可以提高缓存空间的有效利用率。

表3-3以分块大小为分类标准，统计不同冗余字节分块大小对应冗余流量的识别贡献率，五组样本中排前20%的不同冗余字节分块大小对应冗余流量的识别贡献率都在75.23%以上。图3-9是与之对应的五组样本中不同冗余字节分块大小的识别贡献累积分布图，横坐标表示不同冗余字节分块大小对应的冗余流量识别贡献排名。累积比率计算方法如式(3-9)所示，随机变量X代表不同冗余字节分块大小对冗余流量的贡献排名，$P(X)$表示对冗余流量贡献排名第X位的冗余字节分块的识别贡献率，$F(x)$表示对冗余流量贡献排名靠前的x种冗余字节分块的累积贡献总和。图3-9所示帕累托分布现象蕴含的重尾分布特征，恰好印证了冗余流量时间序列的自相似性特征。表3-3的统计数据表明，不同冗余字节分块大小对于冗余流量的识别贡献率有显著差异。这表明在冗余流量的识别中，小部分的冗余字节分块贡献了大部分的信息。

$$F(x) = P(X \leqslant x) \tag{3-9}$$

表 3-3　不同冗余字节分块大小的冗余贡献能力

样本	冗余字节分块大小种类占比/%	冗余流量识别贡献率/%
I	20	76.36
II	20	77.91
III	20	75.23
IV	20	76.70
V	20	78.13

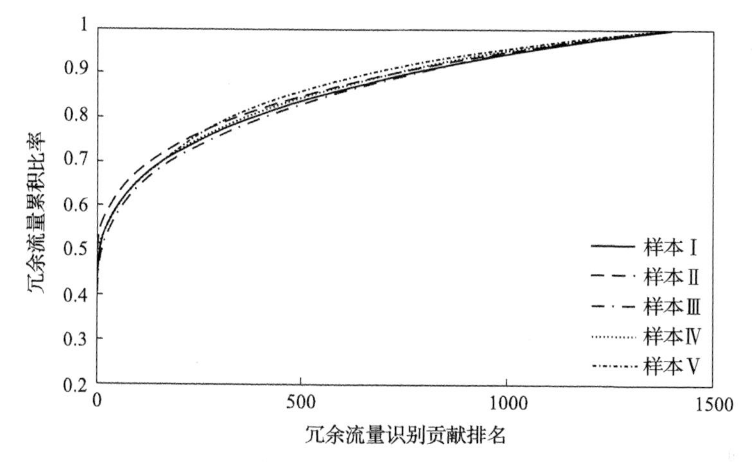

图 3-9　不同冗余字节分块大小的识别贡献累积分布图

2. 冗余流量端口分布特征

网络流量测量中端口信息用于标识不同业务的网络流量。冗余流量的端口分布特征揭示冗余流量在不同业务之间的分布情况。近年来，不同类型的应用业务充斥网络空间，且具有不同的流量比率。冗余流量端口分布特征表征分布的主流业务，以及不同业务间冗余流量分布是否存在严重的重叠现象。

由于端口分为源端口与目的端口。其中，源端口是冗余流量的产生者，目的端口是冗余流量的消费者。若冗余流量是生产密集型数据，则从源端口角度进行识别；反之，若冗余流量是消费密集型数据，则从目的端口角度进行识别。

图 3-10 和图 3-11 是从源端口、目的端口两个不同角度，分别对样本 III 中冗余流量测量数据进行统计的结果。图 3-10 和图 3-11 对应的分析过程均以端口作为分类标准，结果展示了样本中前 20 个冗余流量识别率较高的不同端口对应冗余流量的累积贡献情况。

图 3-10 表明，从源端口角度来看，冗余流量分布较为集中，属于生产密集型数据。前 20 个贡献较大的不同源端口对应冗余流量识别贡献率高达 86.31%，然而所占端口总数比例仅 0.0339%。此外，80 源端口对应的冗余流量识别贡献率尤

为突出，单个端口对应的识别贡献率达 68.47%，占据绝对识别优势。

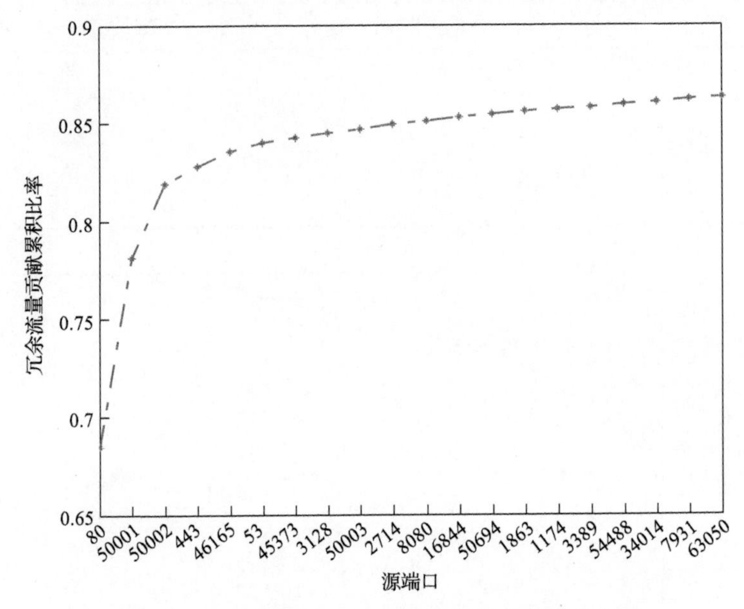

图 3-10　不同源端口对应冗余流量贡献累积分布图

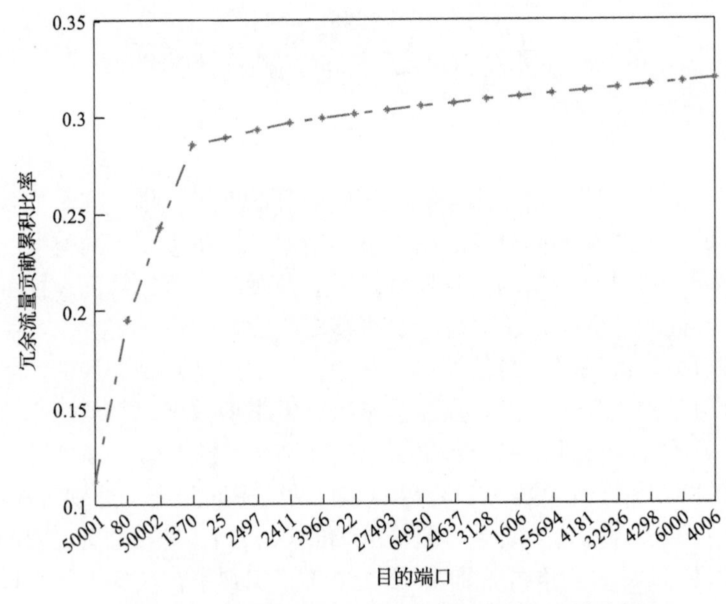

图 3-11　不同目的端口对应冗余流量贡献累积分布图

图 3-11 表明，从目的端口角度来看，冗余流量分布密度较低。其中前 20 个贡献较大的不同目的端口对应冗余流量识别贡献率仅有 31.98%，并且贡献率较高

的50001目的端口对应的识别结果仅占冗余流量总量的11.19%。

由表3-4的数据分析可得，冗余流量在源端口中的分布密集程度较高，而在目的端口中的分布密集程度较低。由于不同端口的冗余流量识别分类中，80端口的识别贡献率始终占据主导地位，所以在冗余流量的测量过程中，可以按照冗余流量在源端口分布密集程度高的特征，根据特定网络环境的主流业务分布情况，选择代表性强的源端口缩小测量范围，提高测量系统识别效率。

表3-4 冗余流量贡献率端口数据

样本	源端口/贡献率/%	目的端口/贡献率/%
I	80/67.27	50001/14.72(80端口次之)
II	80/68.55	50001/11.71(80端口次之)
III	80/68.47	50001/11.19(80端口次之)
IV	80/80.33	80/10.17
V	80/72.56	80/11.33

冗余流量端口分布特征除分布密集程度不同外，还存在不同业务间重叠程度的差异性。当相同冗余字节分块散落分布在不同端口对应的冗余流量中时，采用统一的端口不敏感冗余流量测量方法，挖掘不同端口对应业务流量间重叠的冗余字节分块；反之，当相同冗余字节分块集中分布在相同端口对应的冗余流量中时，采用端口敏感的冗余流量测量方法，通过端口实现冗余流量分流，降低其他端口噪声流量的干扰。

表3-5统计了五组样本中冗余流量的源端口重叠分布情况。分析结果显示，大部分冗余流量在源端口分布中无重叠，说明冗余流量主要是由同一业务中相同或相似资源的重复传输造成的。基于端口的业务流识别策略通过缩小搜索范围，在一定程度上提高了冗余字节分块的匹配命中率，可以改善冗余流量测量系统的识别性能。

表3-5 冗余流量源端口重叠分布情况

样本	无端口重叠占比/%	2种不同端口重叠占比/%	不少于3种不同端口重叠占比/%
I	84.62	4.45	10.93
II	75.34	7.54	17.12
III	79.55	6.32	14.13
IV	83.59	2.38	14.03
V	77.47	5.62	16.91

3. 冗余流量主机分布特征

主机用于标识冗余流量来源的网络位置。相同的冗余字节分块主要由同一主机生成，按源地址对冗余流量进行分流，排除来自其他主机的噪声流量，缩小字节分块的匹配空间，可以提高测量效率；反之，若相同的冗余字节分块主要由不同主机生成，则无法使用基于源地址的分流方案优化冗余流量测量方法，否则会丢失对大部分潜在冗余字节分块的识别能力。同理，相同冗余字节分块都到达同一目的主机，可以根据目的地址对冗余流量分流；反之，若相同冗余字节分块到达多个目的地址，则无法应用基于目的地址的分流技术。

表 3-6 是五组样本中冗余流量的主机唯一性分布情况。结果显示，从源地址和目的地址两个不同角度来看，冗余字节分块几乎超过一半是由相同主机生成或者是到达同一目的地址的主机。然而，冗余流量的主机唯一性分布情况没有端口独立分布情况显著，基于主机分流的测量方法对冗余流量识别性能的负面影响较大。通常只在设备资源特别有限的情况下，使用基于主机地址的分流方案。

表 3-6　冗余流量在源地址和目的地址中主机唯一性分布情况

样本	源地址分布密集程度/%	目的地址分布密集程度/%
I	61.09	51.97
II	55.88	45.77
III	58.02	53.38
IV	62.80	52.89
V	60.75	57.32

此外，冗余流量按源地址的唯一性分布特征比基于目的地址的唯一性分布特征明显，与源端口对应的冗余流量分布密集程度高的特征类似。因此，冗余流量在源端表现的属性特征相对明显，能够有效支持和优化冗余流量测量。

4. 冗余流量非对称分布特征

在冗余流量端口分布特征的实验结果中，80 端口在冗余流量中对整体的识别贡献率占主导地位。根据互联网数字分配机构登记的信息[21]，80 端口是 Web 业务使用的标准端口。伴随 Web 业务的发展与成熟，80 端口业务流量在整体网络流量中一直保持较高的占比[22, 23]。Web 业务是一种基于客户端/服务器端(client/server, C/S)架构的服务模型，固有的设计模式导致客户端和服务器端流量存在严重的非对称关系。分析冗余流量中是否存在类似的非对称关系有助于优化冗余流量测量方法。对于特殊的非对称业务生成的冗余流量，应该用带有选择倾向性的识别方案加以测量，重点关注冗余流量贡献率较高一端的测量识别情况。

用倾斜度 I 刻画冗余流量的非对称分布程度。在 C/S 架构中，用 S 代表服务器端生成的冗余流量，C 代表客户端生成的冗余流量。倾斜度 I 的正负符号分别表征冗余流量非对称分布倾向于服务器端或客户端。其中，当服务器端生成的冗余流量大于或等于客户端生成的冗余流量时，取正；当客户端生成的冗余流量大

于服务器端生成的冗余流量时，取负。也即，倾斜度 I 的定义为

$$I=\begin{cases}+\dfrac{|S-C|}{S}, & S\geqslant C\\ -\dfrac{|C-S|}{C}, & C>S\end{cases} \tag{3-10}$$

表 3-7 为样本 III 中基于 C/S 架构的典型业务冗余流量非对称分布情况。五种不同业务的冗余流量非对称倾斜度 I 的绝对值偏高，表明 C/S 架构的非对称关系同样影响冗余流量测量结果。SMTP 业务的冗余流量倾斜度为负值，这与该协议工作方式有关(主要用于客户端向服务器端发送邮件数据)。其他四种业务的冗余流量倾斜度均为正值，因为数据字节主要由服务器端流向客户端。

表 3-7　基于 C/S 架构的典型业务冗余流量非对称分布情况

业务类型	端口	客户端冗余流量/bit	服务器端冗余流量/bit	倾斜度 I
FTP	21	144	1096	+0.87
SMTP	25	21722462	398793	–0.98
DNS	53	3815314	26455979	+0.86
Web	80	471028559	3873084502	+0.88
POP3	110	95	460610	+1.00(近似)

注：FTP 为文件传输协议(file transfer protocol)；SMTP 为简单邮件传送协议(simple mail transfer protocol)；DNS 为域名系统(domain name system)；　POP3 为邮局协议版本 3(post office protocol version3)

冗余流量的非对称分布特征表明，数据流向对冗余流量测量方法具有显著的影响。对 C/S 架构的业务来说，倾斜度 I 取正值说明服务器端贡献的冗余流量起主导作用；反之，则说明客户端贡献的冗余流量起主导作用。在精确到业务感知的冗余流量测量方法设计中，倾斜度 I 是优化性能的重要参考值。

5. Web 业务对冗余流量的牵引特征

Web 业务是一种典型的资源请求/响应服务模型，受资源流行度的影响，部分资源被重复请求[24]。实验过程中，对样本 III 的 80 端口业务数据分析显示，客户端在 1 小时范围内共发出 620819 次资源请求，涵盖 305618 个不同资源地址(可理解为 305618 个不同资源)，有 44388 个不同资源被重复请求高达 315201 次，重复率高达 50.77%。图 3-12 是样本 III 中不同资源被重复访问的排名情况。排名第一的资源接受了 4978 次重复请求，表现出显著的重尾分布特征。Web 业务中流行资源被重复请求次数排名的重尾分布现象，在一定程度上与冗余流量自相似性特征吻合。Web 业务流量中存在同一资源被重复传输的严重现象，是冗余流量形成的重要因素。

此外，HTTP 协议头部的多用途互联网邮件扩展(multipurpose internet mail

extensions，MIME)结构同样存在严重的字节分块冗余现象[25]，如图 3-13 中黑色下画线标识部分所示。在 HTTP 协议会话的交互过程中，头部信息标识了不同的会话流，它们之间存在较大的类似通用字节块。因此，不同业务自身的协议设计规则，也是冗余流量的成因之一。

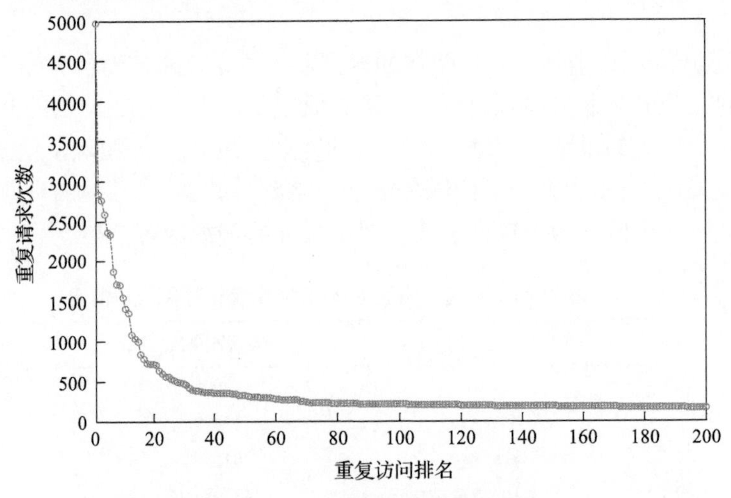

图 3-12　不同资源重复访问排名

```
Hypertext Transfer Protocol
⊞ GET /img14/images/www/slogan.png HTTP/1.1\r\n
  Host: img3.cache.netease.com\r\n
  Connection: keep-alive\r\n
  Accept: image/webp,*/*;q=0.8\r\n
  User-Agent: Mozilla/5.0 (Windows NT 6.1; WOW64) AppleWebKit/537.36
  Referer: http://www.163.com/\r\n
  Accept-Encoding: gzip,deflate,sdch\r\n
  Accept-Language: zh-CN,zh;q=0.8\r\n
  \r\n
```

图 3-13　HTTP 协议头部的 MIME 结构

Web 业务行为是造成冗余流量的一种典型网络活动行为，不仅通过重复请求传输相同或相似资源带来冗余流量，自身会话协议设计规则同样带来冗余流量。

3.6.3　数据微观分析

1. 冗余流量数据包大小尺度分布特征

冗余流量数据包大小尺度分布特征指的是包含冗余字节块的数据包在大小尺度上的分布情况。样本 III 中冗余流量数据包的大小尺度分布如图 3-14 所示，呈现三个典型的区间分段特征，原始数据包的大小尺度分布特征如图 3-15 所示。图 3-14 中，数据包大小尺度分布在[0, 1000, 1500]B 附近存在的冗余字节分块数据包总计分别为 0.8×10^6 个、0.8×10^6 个、2.5×10^6 个。因此，冗余流量数据包大小尺度分布和原始数据包大小尺度分布特征呈一定的正相关性。

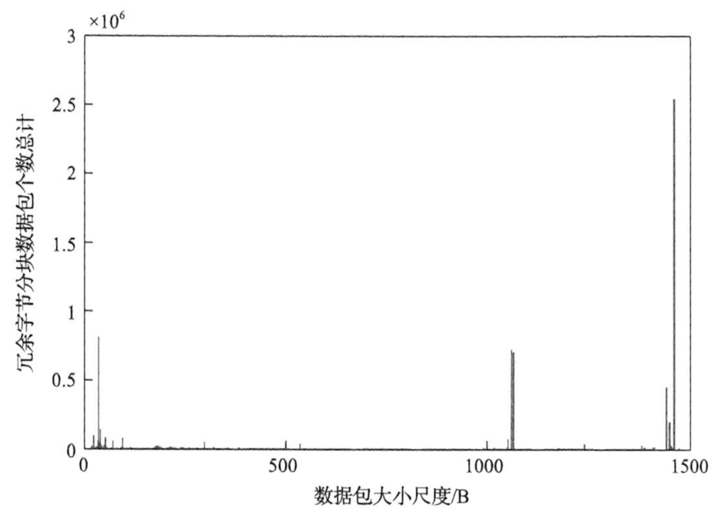

图 3-14　冗余流量数据包的大小尺度分布

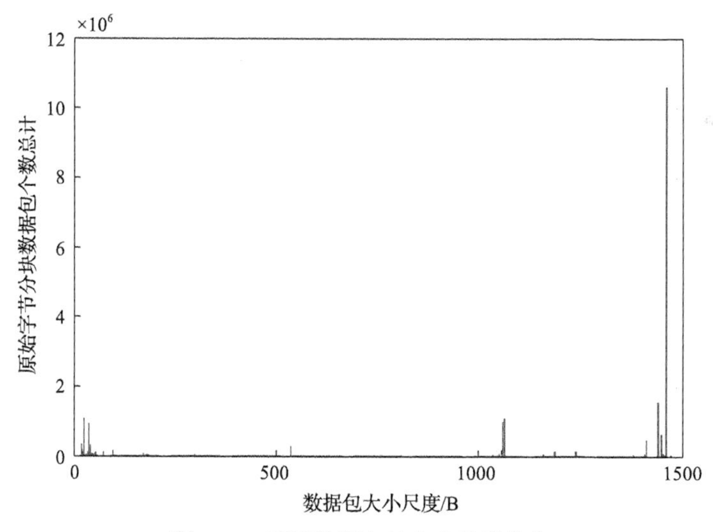

图 3-15　原始数据包的大小尺度分布

图 3-14 展示了冗余流量在数据包大小尺度上的集聚现象，说明冗余字节分块对数据包大小尺度具有一定的选择性，主要分布在起始 20～100B、1000～1100B 和 1400～1500B 三个不同区间。其他四组样本中数据包大小尺度存在类似的分布区间。

冗余流量数据包大小的尺度分布特征对于筛选冗余流量测量对象和缩小测量范围非常有帮助。在这种情况下，将属于特定大小尺度范围的数据包视为测量的首选对象，而对于其他大小的数据包，根据测量设计的准确性和测量设备性能进行适当筛选。这种区间分段特征是冗余流量和负载流量共同具备的典型特征，其中大部分冗余流量由较大尺度范围的数据包生成。这主要是因为较大的数据包具有更高的传输性价比，尤其在流媒体业务和 Web 业务中，通常采用大数据包进行数据传输。随着主流业务中大数据包的使用概率增加，冗余流量在其中的占比也会相应增加。

2. 完全冗余数据包大小尺度分布特征

虽然基于字节分块的冗余流量测量方法通常具有较高的冗余流量识别能力，但对应的计算开销通常呈非对称趋势增长。充分了解完全冗余数据包大小的尺度分布特征有助于筛选特定大小的数据包字节分组，以进行全包测量，从而降低单一字节分块策略所带来的额外计算开销。如果完全冗余数据包在冗余流量中占据主导地位，那么可以利用这一特性来改进现有的冗余流量测量方法。这种改进可以提供设计参考，帮助实现线速测量，从而更有效地管理和优化网络中的冗余流量。这对于提高网络性能和资源利用效率非常重要。

表 3-8 统计了五组数据包样本中测量的完全冗余字节分块比率情况。数据分析结果显示，完全冗余字节分块个数占比为 10.16%～12.72%，然而对整体冗余流量的贡献率却为 42.38%～51.00%，具有较高的贡献率。因此，完全冗余字节分块是冗余流量中的一个特殊子集，合理利用其分布特征可以大大降低冗余流量测量开销。

表 3-8　完全冗余字节分块比率情况

样本	冗余字节分块总数	完全冗余字节分块总数	占比/%	冗余流量贡献率/%
I	15691876	1631109	10.39	42.38
II	26813370	3410515	12.72	45.48
III	19553733	2236307	11.44	42.79
IV	20216597	2457445	12.16	51.00
V	15645243	1590152	10.16	45.64

图 3-16 为样本 III 中完全冗余字节分块大小的尺度分布情况。以 1460B 的完全冗余字节分块为主，在完全冗余字节分块对应的冗余流量中，占比达到 53.58%，其次为 1440B 的完全冗余字节分块。图 3-16 左边起始端较小字节的完全冗余字节分块总数占比偏高，然而这部分字节分块对冗余流量的整体贡献率偏低。

表 3-9 为五组样本中 1440B 和 1460B 两种特殊大小的完全冗余字节分块对冗余流量整体贡献率的统计情况。数据分析结果显示，这两种特殊大小的完全冗余字节分块对冗余流量整体贡献率突出，1460B 完全冗余字节分块在样本 IV 中的贡献率高达 40.58%。

完全冗余字节分块在冗余流量中的特殊性，从侧面说明基于字节分块的单一

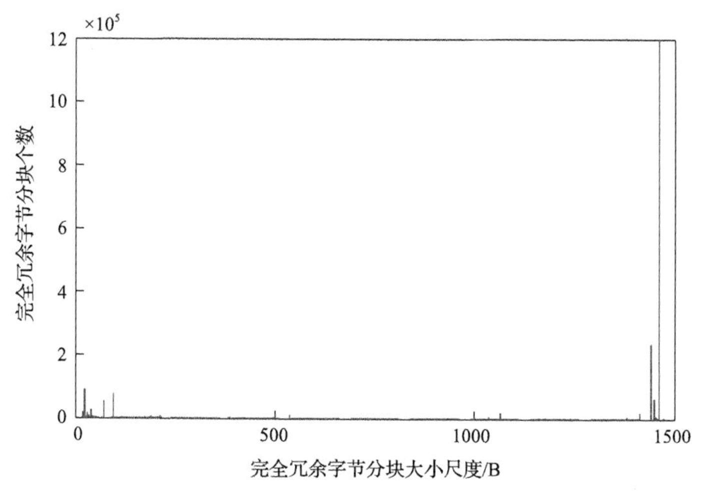

图 3-16　完全冗余字节分块大小尺度分布

表 3-9　特殊大小完全冗余字节分块的冗余流量贡献率

样本	1440B 完全冗余字节分块占比/%	1460B 完全冗余字节分块占比/%
I	4.79	29.83
II	2.49	37.40
III	5.96	30.92
IV	3.17	40.58
V	2.30	35.93

识别策略并非最优的冗余流量测量方案。如果数据包较大，那么对应的字节分块等比率增多，所需的识别开销必然增大。当冗余流量测量方法能够感知特殊大小数据包的完全冗余特性时，可以采用类似 MD5 的强哈希算法计算其信息指纹[26]，避免划分过多字节分块带来额外的运算开销。

3. 冗余字节分块大小尺度分布特征

由图 3-17 可以看出样本 III 中的冗余字节分块大小的尺度分布呈现出三个典型的密集区间。与图 3-14 所示的冗余流量数据包的大小尺度分布情况不同，冗余字节分块在左端标识的区间范围内分布密集程度突出，这表明较小的冗余字节分块有更多的累积个数，可以提供与少量较大冗余字节分块相当的冗余识别率。表 3-10 中的统计结果显示，五组样本中，200B 及以下的冗余字节分块对冗余流量的整体贡献率都高于 14.31%，其中最高达到 19.36%。因此，在冗余流量测量中，为提高测量结果的覆盖率，较小的冗余字节分块的贡献率在一般情况下不容忽视。这意味着在冗余流量的测量和分析中，需要充分考虑较小的冗余字节分块，以确保获得全面的冗余识别结果。

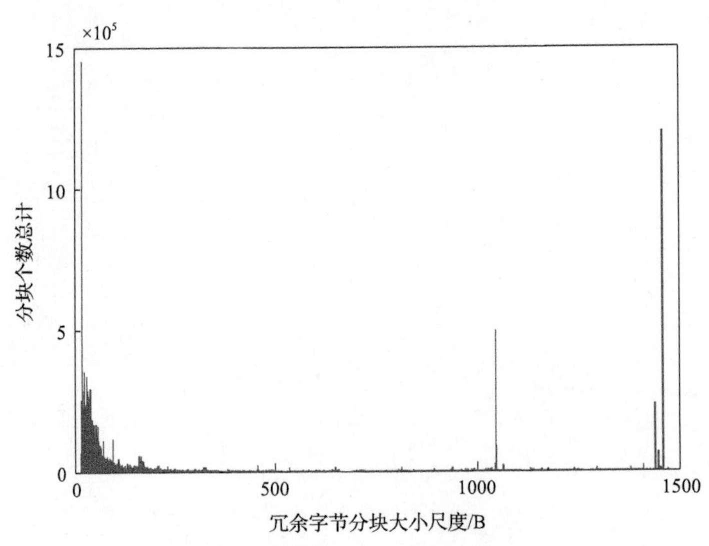

图 3-17　冗余字节分块大小尺度分布

表 3-10　较小冗余字节分块贡献率统计表

样本	100B 及以下冗余字节分块贡献率/%	200B 及以下冗余字节分块贡献率/%
I	10.46	16.16
II	9.22	15.21
III	8.94	14.31
IV	11.66	17.12
V	11.84	19.36

冗余字节分块的大小尺度分段特征，说明冗余流量分布具有一定的字节大小选择性，而非随机产生的正态分布。在冗余流量测量优化中，需要考虑冗余字节分块的分段分布特性，且不能忽略较小冗余字节分块对整体冗余流量的贡献能力。

4. 冗余字节分块识别首字节和起始字节分布特征

表 3-11 为五组数据样本中冗余字节分块识别首字节出现频次排名统计情况，其中识别首字节对应于连续定长分块的起始字节。统计分析结果显示，五组样本中识别首字节出现频次较高的前 10 个不同字节重合率在 80%以上，最高达到 100%。这些特殊字节与文献[23]中 SAMPLEBYTE 方法选择的 0x00、0x20、0x30、0x65、0x69、0x73、0x74、0xff 八个字节重合率达 50%，说明识别首字节分布具有一定的网络环境依赖性。文献[18]研究的网络环境以英文用户为主体，而本节实验组中测量的校园网以中文用户为主体。文字信息表达方式的不同，可能导致两种语言网络环境中冗余字节分块识别首字节存在一定差异性。

表 3-11　冗余字节分块识别首字节出现频次排名统计

样本	冗余字节分块识别首字节出现频次排名(十六进制值)									
	1	2	3	4	5	6	7	8	9	10
I	80	00	ff	54	20	61	45	65	84	6e
II	00	54	20	45	61	65	6e	ff	74	80
III	00	54	80	20	45	65	ff	6e	74	61
IV	00	54	80	20	45	65	61	6e	84	69
V	80	54	00	20	84	45	6e	65	61	74

表3-12为五组数据包样本中冗余字节分块识别起始字节出现频次排名统计情况。统计结果显示，五组样本中起始字节出现频次较高的前 10 个不同字节重合率同样为 80%～100%。然而，与文献[18]中 SAMPLEBYTE 方法选择的字符集仅有 25%左右的相似性。说明冗余字节分块识别首字节和起始字节分布情况存在一定的差异性，可能影响冗余流量识别效果。

表 3-12　冗余字节分块识别起始字节出现频次排名统计

样本	冗余字节分块识别起始字节出现频次排名(十六进制值)									
	1	2	3	4	5	6	7	8	9	10
I	00	3c	20	da	ff	48	0d	47	2e	22
II	00	20	48	3c	0d	47	2e	ff	22	31
III	00	20	48	0d	47	da	2e	ff	3c	22
IV	00	48	20	0d	3c	47	da	60	22	2e
V	00	da	48	20	0d	47	3c	03	31	2e

综合表 3-11 和表 3-12 的统计结果，可以得出冗余字节分块的识别首字节与起始字节的相似程度较低。从表 3-13 的分析结果来看，大部分情况下，前 10 个出现频次较高的冗余字节分块的起始字节对应的冗余流量贡献率高于冗余字节分块的识别首字节对应的贡献率。这表明冗余字节分块的起始字节具有较高的冗余流量识别能力。另外，基于特殊字节采样实现的冗余流量测量方法在识别效率上

表 3-13　出现频次较高的前 10 个特殊字节对应冗余流量贡献率

样本	冗余字节分块识别首字节贡献率/%	冗余字节分块识别起始字节贡献率/%
I	14.22	28.94
II	15.14	28.94
III	14.58	25.27
IV	15.35	14.16
V	17.46	20.96

可能不够理想。此外，特殊字节的分布情况在不同网络环境下可能具有较高的依赖性，这意味着很难找到一个通用的采样字符集来适应不同情况。

5. 识别首字节和起始字节对应冗余流量均匀分布特征

由图 3-18 可以观察到样本 III 中的冗余流量在不同识别首字节下的分布特征。总体来看，冗余流量在不同识别首字节下的分布相对均匀，除了四个特殊的识别首字节：0x00、0x01、0x20、0x54，它们对应的冗余流量分布相对突出。这些分析结果表明，USDT 方法中的均匀采样方法对待不同字节具有相对高的公平性。这一特点有助于解决 MAXP 和 SAMPLEBYTE 采样方法中存在的严重字节偏见缺陷问题，同时提高了冗余流量的测量效率。这意味着 USDT 方法可以在一定程度上修正冗余字节分块的识别覆盖范围，从而更有效地测量和分析冗余流量。

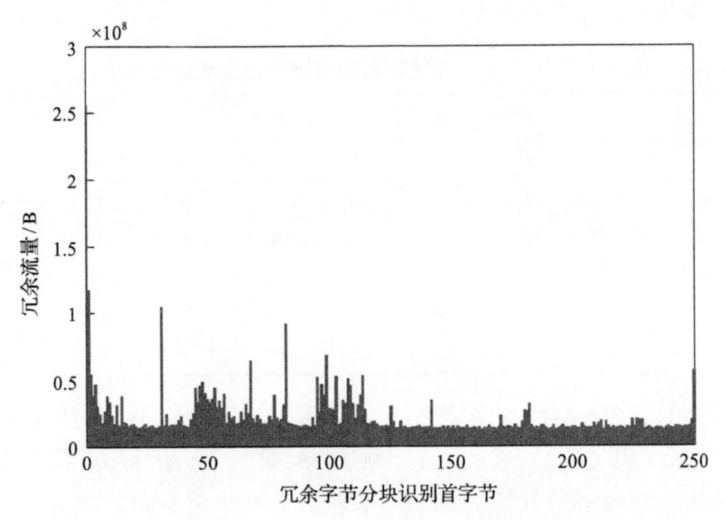

图 3-18　冗余字节分块识别首字节对应冗余流量分布(样本 III)

由图 3-19 可以看出样本 III 中冗余流量相对于不同起始字节的分布特征。这些特征与图 3-18 所示的结果相似，具有相对均匀的分布特点。唯一的例外是，以 0x00 作为冗余字节分块起始字节对应的冗余流量分布相对突出。图 3-14～图 3-19 表明，USDT 方法中的贪婪内容匹配方法通过左边界扩展匹配，增加了边界字符的随机性，从而在一定程度上提高了均匀采样方法对不同字节的公平性。这使得导致冗余字节分块的起始字节对应的冗余流量在最终的分布中更加均匀。这一发现有助于更好地理解 USDT 方法的工作原理，以及为冗余流量的测量和分析提供更准确的数据。

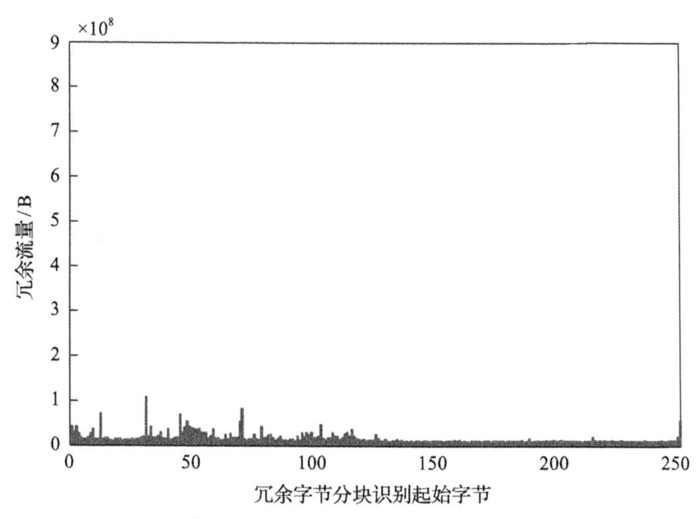

图 3-19　冗余字节分块识别起始字节对应冗余流量分布(样本 III)

参 考 文 献

[1] 詹小四, 宁新宝, 尹义龙, 等. 多级分块尺寸下的指纹方向信息提取算法. 南京大学学报(自然科学版), 2003, 39(4): 476-482.

[2] Rivest R L. The MD5 message-digest algorithm. MIT Laboratory for Computer Science and RSA Data Security, Inc. Cambridge, 1992: 1321.

[3] Dabholkar P, Sovani R, Beckett P. A low latency asynchronous Jenkins hash engine for IP lookup//2016 IEEE International Symposium on Circuits and Systems, Montreal, 2016: 2663-2666.

[4] Yang Y, Zhang Z M,Yang W. Rabin fingerprint-based provenance compression scheme for wireless sensor network//International Conference on Mobile Networks and Management, Cham, 2023: 331-344.

[5] 李琪阳, 董雷. 基于朴素贝叶斯的物联网设备指纹算法. 电子设计工程, 2021, 29(21): 155-158.

[6] 张莉, 丁毛毛, 李玮, 等. 基于决策树算法的客服终端冗余数据迭代消除方法. 计算技术与自动化, 2022, 41(4): 118-122.

[7] 欧阳晨星, 谭良. 无尺度网络下的僵尸网络传播模型研究. 计算机工程与应用, 2013, 49(9): 110-114.

[8] 王勉, 黄颖. 无尺度网络对期刊发展的启示及应用. 中国科技期刊研究, 2009, 20(6): 999-1002.

[9] 陈振毅, 汪小帆. 无尺度网络中的拥塞及其控制. 系统工程学报, 2005, 20(2): 132-138.

[10] Clauset A, Shalizi C R, Newman M E J. Power-law distributions in empirical data. SIAM

Review, 2009, 51(4): 661-703.

[11] 陈丽静, 舒勤. 无线数据网络中的自相似性. 微计算机信息, 2005, 21(1): 193-194.

[12] Leland W E, Taqqu M S, Willinger W, et al. On the self-similar nature of ethernet traffic. IEEE/ACM Transactions on Networking, 1994, 2(1): 1-15.

[13] Klivansky S M, Mukherjee A, Song C. On long-range dependence in NSFNET traffic. Atlanta: Georgia Institude of Technology, 2000.

[14] Paxson V, Floyd S. Wide-area traffic: The failure of poisson modeling. IEEE/ACM Transactions on Networking, 1995, 3(3): 226-244.

[15] Crovella M E, Bestavros A. Self-similarity in world wide web traffic: Evidence and possible causes. IEEE/ACM Transactions on Networking, 1997, 5(6): 835-846.

[16] 赵佳宁, 李忠诚. 基于模拟的网络流量自相似现象分析. 计算机科学, 2001, 28(11): 57-61.

[17] 赵彦仲, 吴立文. Hurst 指数估计法的比较和研究. 计算机工程与应用, 2014, 50(16): 154-158.

[18] Lumezanu C, Guo K, Spring N, et al. The effect of packet loss on redundancy elimination in cellular wireless networks//Proceedings of the 10th ACM SIGCOMM Conference on Internet Measurement, Melbourne, 2010: 294-300.

[19] 陈昭, 梁静溪. Hurst 指数的分析与应用. 中国软科学, 2005, 3(5): 134-138.

[20] 何晶, 李仁发, 喻飞, 等. 校园网流量自相似性研究. 计算机工程与应用, 2004, 40(2): 7-9.

[21] Huang G, Ma C, Ding M, et al. Efficient and low overhead website fingerprinting attacks and defenses based on TCP/IP traffic//Proceedings of the ACM Web Conference 2023, Austin, 2023: 1991-1999.

[22] Liu Z, Xiang Y, Shi J, et al. Make Web3. 0 connected. IEEE Transactions on Dependable and Secure Computing, 2021, 19(5): 2965-2981.

[23] Agarwal B, Akella A, Anand A, et al. Endre: An end-system redundancy elimination service for enterprises//Proceedings of the 7th USENIX Symposium on Networked Systems Design and Implementation, San Jose, 2010: 419-432.

[24] Yang G H, Tan S H, Chen M, et al. The research on the three-layer-mining of data packet//2011 3rd International Conference on Computer Research and Development, Shanghai, 2011: 185-188.

[25] Crocker D H. RFC0822: Standard for the format of ARPA internet text messages. University of Delaware. Newark, 1982: 1-47.

[26] Wang X, Yu H. How to break MD5 and other hash functions//Annual International Conference on the Theory and Applications of Cryptographic Techniques, Berlin, 2005: 19-35.

第 4 章　基于自相似性的冗余流量特性分析

随着互联网的发展，网络流量表现出复杂化、多样化等特征，对网络流量的深度分析具有一定难度。一方面，互联网的运行机制和行为特性比较复杂，另一方面，网络特性会随时间动态改变。研究表明，网络流量具有一些显著的特征，如自相似性、周期性和混沌性。自相似性，是指网络流量在时间尺度上呈现的自我相似特征，表现为不同时间段内的流量轨迹所组成的流量序列拥有相同的统计意义；周期性，是指流量序列以固定的时间为单位(小时、天、周、月等)呈周期变化，反映大规模网络行为的影响和网络流量长期变化趋势以及短时间内的突变性；混沌性，是指网络流量无规则和非线性的特征，与混沌系统中的运动轨迹相似。

4.1　冗余流量的 *R/S* 分析

网络冗余流量是在网络传输过程中额外存在的数据流量，过多的冗余流量可能会导致网络拥塞、延迟增加和带宽浪费，因此需要管理网络流量内容，最大限度地减小网络冗余流量的影响，优化网络性能。网络冗余流量的自相似性表现为在大时间尺度上具有相似的强突发性，流量序列的自相似程度可用 Hurst 指数(记为 H)来衡量，Hurst 指数刻画的是不同频率下分数布朗运动(fractional Brownian motion，FBM)增量的波动和频率的关系，其中波动的含义是分数布朗运动在不同频率下的增量分布密度。Hurst 指数是表征网络流量自相似性的重要指标，因此如何准确估计 Hurst 指数是复杂网络冗余流量研究的一个热点。

网络冗余流量中的自相似性研究发展到现阶段，探索出许多 Hurst 指数的估计方法，这些估计方法归纳为时域分析方法和频域分析方法两类。时域分析方法包括方差时间图法[1]和重标极差分析法[2]等；频域分析方法包括小波估计法、周期图法、Whittle 估计法[3]等。重标极差分析法，即 *R/S* 分析法，能将一个序列与一个非随机序列区分开来。具体来说，给定一个时间序列，计算出代表增长率或者衰减率的差分，再由差分求解不同时滞的极差和标准差，得出两者的比值(*R/S*)。*R/S* 分析法通常用来分析时间序列的分形特征和长记忆过程。由于 *R/S* 分析法鲁棒性强，在任何独立的分布下均可判断序列的自相似性，因此本节使用 *R/S* 分析法完成网络冗余流量的估算。

4.1.1 *R/S* 分析法

网络冗余流量的自相似性评估采用 *R/S* 分析法的计算过程表示为

$$(R/S)_n = C_n^H \tag{4-1}$$

其中，C 是常数；R/S 为重标极差；n 表示时间增量区间长度。

R/S 分析法详细的计算步骤如下。

(1) 将一组离散随机序列 $\{X_t, t=1,2,\cdots,N\}$ 平均分为 A 个连续长度为 $n(n \geqslant 3)$ 的子序列，$D_a(a=1,2,\cdots,N)$ 用来表示每个子序列，每个子序列元素记为 $R_{k,a}$。

(2) 计算子序列的均值：$e_a = (1/n)\sum_{k=1}^{n} R_{k,a}$。

(3) 计算每个子序列的累计离差：$X_{k,a} = \sum_{i=1}^{k}\left(R_{i,a} - e_a\right)$。

(4) 计算每个子序列的极差：$R_a = \max\left(X_{k,a}\right) - \min\left(X_{k,a}\right), k=1,2,\cdots,n$。

(5) 计算每个子序列的标准差：$S_a = \sqrt{(1/n)\sum_{k=1}^{n}\left(R_{k,a} - e_a\right)^2}$。

(6) 计算每个子序列的重标极差：$(R/S)_a = R_a / S_a$。

(7) 对每个子序列重复步骤 (2) ～ (6)，得到一个 $(R/S)_a$ 序列。计算均值：$(R/S)_n = (1/A)\sum_{a=1}^{A}(R/S)_a$。

(8) 对于每个 n，重复步骤 (1) ～ (7)。对式 (4-1) 取对数得

$$\log(R/S)_n = \log C + H \log n \tag{4-2}$$

(9) 式 (4-2) 为双对数线性回归图。在双对数线性回归模型中，自变量常用自然数 e 利用最小二乘法拟合出一条最小平方线，最小平方线的斜率即为 Hurst 指数的估计值。*R/S* 分析法相对于传统方法，测量的结果接近实际特性。

4.1.2 Hurst 指数的显著性检验

Hurst 指数估计法的可靠性是通过对 Hurst 指数（记为 H）的估计值进行显著性检验进行判断的。当 H=1/2 时，将高斯噪声作为零假设来判断时间序列 H 估计值与 1/2 之间是否存在显著性差异。设 $E(H)$、$\mathrm{var}(H)$ 分别表示 H 的期望和方差，检验统计量定义为

$$\mu = \frac{H - E(H)}{\sqrt{\mathrm{var}(H)}} \tag{4-3}$$

显然，μ 服从均值为 0、方差为 1 的正态分布。首先计算 R/S 的期望 $E\left[(R/S)_n\right]$，然后根据 4.1.1 节中 H 值的实际算法计算 H 的期望 $E(H)$，其中 $E\left[(R/S)_n\right]$ 根据文献[4]和[5]提出的方法计算：

$$E\left[(R/S)_n\right] = (n - 0.5/n)(n\pi/2)^{-0.5} \sum_{r=1}^{n-1} \sqrt{(n-r)/r} \tag{4-4}$$

式(4-4)的计算结果对于所有 n 都适用。同时，文献[6]中给出了 H 方差计算公式 $\mathrm{var}(H) = 1/N$，其中 N 是样本观测数目。

本节取零假设 H=1/2，并随机选取标准正态分布序列，利用 MATLAB 生成多种不同序列长度的高斯噪声序列，分别令序列长度为 500、1000、5000、10000，然后根据 R/S 分析法对四个序列进行 Hurst 指数估计，得到的 H 的期望值和统计检验量如表 4-1 所示。

表 4-1　Hurst 指数的显著性检验

随机数序列长度	H 的期望值	统计检验量 μ
500	0.5632	−1.3168
1000	0.5446	−1.2891
5000	0.5235	−1.5045
10000	0.5138	−1.6792

查询标准正态分布表可知，在显著性水平为 0.05 的情况下 $\mu_{a/2}=\mu_{0.025}=1.96$，此时 $|\mu|<\mu_{a/2}$ 均成立，因此不能在显著性水平上拒绝零假设，从而验证了所构造的统计检验量是正确的。表 4-1 中结果表示估计出来的 Hurst 指数的显著性会受到序列长度的影响，当序列长度大于 500 时，H 期望值明显大于 1/2。如果序列长度太短可能会导致样本方差较大，从而对统计检验量的显著性产生影响。

4.1.3　实验仿真

本节选择了三种流量数据进行实验，分别用 A、B、C 代表主干网、校园网和局域网的流量数据，将冗余流量消除后，实验数据如表 4-2 所示。

网络流量数据 A、B、C 进行冗余流程消除得到的冗余流量数据分别记为 a、b、c，然后对以上所有数据进行噪声过滤，因为数据采集时会产生很多噪声，如果不进行预处理，会影响流量数据判别和参数提取。将冗余流量数据包序列 X 分

表 4-2　冗余流量消除实验数据结果分析

网络流量数据	数据量/GB	冗余流量消除后数据量/GB	冗余流量数据
A	2.63	1.8	a
B	10.6	8.11	b
C	12.6	11.76	c

割成大小为 n 的互不相交的块，在每块中求 $R(n)/S(n)$统计值，根据大数定律以算术平均代替数学期望，得到不同 n 下的 R/S 值，通过改变 n 的大小求得所有的 R/S 值，再对 R/S 和 n 的对数值进行线性拟合，其斜率就是 Hurst 指数。

用 R/S 分析法分别估计网络流量数据 A 和冗余流量数据 a 的 Hurst 指数，得到的结果如图 4-1 和图 4-2 所示。

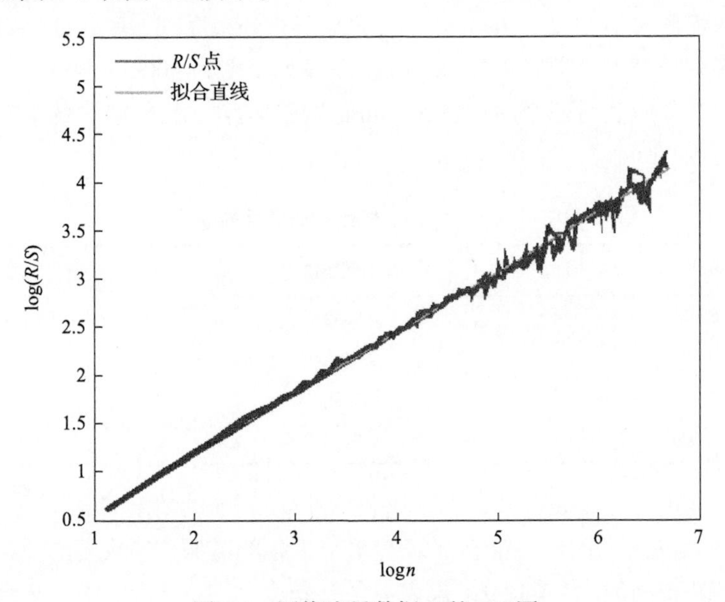

图 4-1　网络流量数据 A 的 R/S 图

分别对图 4-1 和图 4-2 中的 R/S 点进行直线拟合仿真，得到拟合直线的斜率为 0.6333 和 0.7333，即网络流量数据 A 的 Hurst 指数为 0.6333，冗余流量数据 a 的 Hurst 指数为 0.7333。同样地，用 R/S 分析法分别估计实验数据 B、b 以及 C、c 的 Hurst 指数，得到结果如表 4-3 所示。

由表 4-3 可知，所有的 Hurst 指数均满足 $1/2<H<1$，这表明网络流量数据和冗余流量数据具有自相似性。Hurst 指数越大，表明自相似性越强，由表 4-3 可知冗余流量数据的 Hurst 指数比对应网络流量数据的 Hurst 指数大，结果表明与网络流量数据相比，冗余流量数据具有更强的自相似性。

表 4-3　不同实验数据的 Hurst 指数比较

实验数据	H
A	0.6333
B	0.6485
C	0.6823
a	0.7333
b	0.7217
c	0.7614

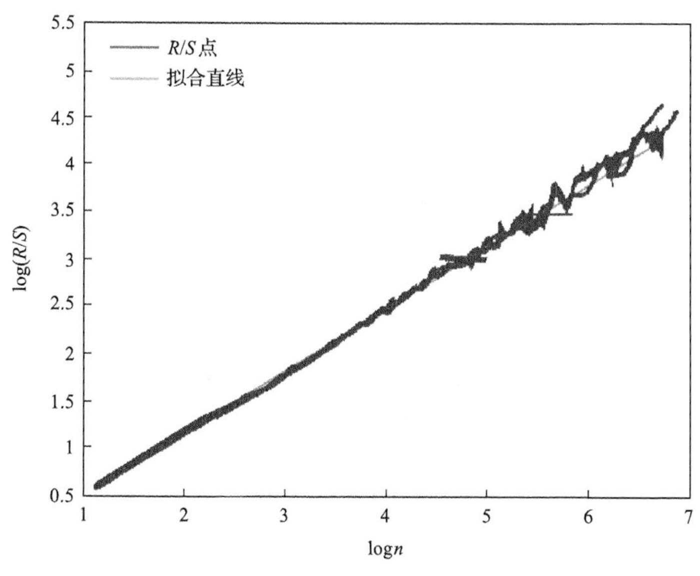

图 4-2　冗余流量数据 a 的 R/S 图

4.2　冗余流量的重尾分布分析

网络流量的重尾分布，即长尾分布，是指在分布的尾部出现频率较高的现象。对于网络流量的重尾分布，常用的统计模型包括幂律分布和帕累托分布。从宏观来看，重尾分布特性呈现出显著的自相似性。由于实际网络流量建模的随机过程方差是无限的，即存在长程相关性，所以中心极限定理并不适合表述实际网络流量。由文献[7]中广义中心极限定理可知，多个独立同分布是趋于 Alpha 稳定分布的。

4.2.1　Alpha 稳定分布的基本特性

Alpha 稳定分布是一类重尾分布，属于概率论中的重要概率分布之一，Alpha

稳定分布的重要性质是稳定性，即两个独立的 Alpha 稳定分布随机变量之和服从 Alpha 稳定分布。这个性质使得 Alpha 稳定分布在建模极端值和涉及非线性组合的统计问题中具有重要的应用。Alpha稳定分布的概率密度函数(probability density function，PDF)曲线不存在封闭的表达式，给网络流量数据包序列的拟合造成了一定困难。一般情况下，Alpha 稳定分布使用标准参数下的特征函数来描述其分布特性：

$$E\,[\exp(\mathrm{i}\theta X)]=\begin{cases}\exp\left\{-\gamma^{\alpha}|\theta|^{\alpha}\left[1-\mathrm{i}\beta\operatorname{sgn}\theta\tan\dfrac{\pi\alpha}{2}\right]+\mathrm{i}\delta\theta\right\}, & \alpha\neq 1\\ \exp\left\{-\gamma|\theta|\left[1+\mathrm{i}\beta\dfrac{2}{\pi}\operatorname{sgn}\theta\log(|\theta|)\right]+\mathrm{i}\delta\theta\right\}, & \alpha=1\end{cases} \tag{4-5}$$

其中，$\operatorname{sgn}\theta=\begin{cases}1, & \theta>0\\ 0, & \theta=0\\ -1, & \theta<0\end{cases}$ 代表符号函数。

符合上述特征的函数表达式记为 Alpha 稳定分布 $S(\alpha,\beta,\gamma,\delta)$。

式(4-5)中的四个参数 α、β、γ 和 δ 具有不同的含义，分别表示不同的特征：特征因子 α、偏斜因子 β、散度参数 γ 以及位置参数 δ。散度参数 γ 代表分布的离散程度，用来描述分布曲线的宽度，γ 越大，分布曲线就越宽；γ 越小，分布曲线就越窄。位置参数 δ 代表了分布的中心位置，如果均值存在，那么 δ 代表均值。在 δ=0，γ=1 的情况下，$S(\alpha,\beta,\gamma,\delta)$ 标准化为 $S(\alpha,\beta,1,0)$，简写成 $S(\alpha,\beta)$。所有 Alpha 稳定分布都可以通过这种标准分布平移或缩放得到。Alpha 稳定分布具有以下基本特点。

Alpha 稳定分布衰减速度与 α 有关，α 越小，分布的尾部越重。α 的取值范围是(0,2]。假设 β=0、γ=1、δ=0，此时随着 α 的减小，概率密度函数曲线的尖峰会越来越明显，尾部衰减速度也会减缓。因此分布的尾部重尾程度用参数 α 度量，α 越小，Alpha 稳定分布的尾部越重。当 α=2 时，Alpha 稳定分布为正态分布；当 $1<\alpha<2$ 时，均值存在，但是方差不存在；当 $0<\alpha<1$ 时，Alpha 稳定分布的均值和方差无限大。

β 表示分布相对于中心位置左右分布不对称的程度，称为偏斜程度。β 取值范围为[−1,1]。在 α=1.2、γ=1、δ=0 的情况下，当 β=0 时，分布是对称的；β 为负值时，分布整体向右偏斜；β 为正值时，分布整体向左偏斜。随着 β 绝对值的增大，分布越来越偏离中心位置，所以参数 β 也称为偏斜因子。

4.2.2　Alpha 稳定分布的概率密度

Alpha 稳定分布需要解决的问题是概率密度函数曲线表达式不封闭。为了解决该问题，主流方法是将 Alpha 稳定分布中的概率密度函数替换为分区域渐近表达式，主要包括低值渐近的无穷级数逼近和高值渐近的多高斯混合逼近两种方法。多高斯混合逼近方法通过优化一组高斯分布的权重和参数，构造线性组合以逼近 Alpha 稳定分布的概率密度函数。无穷级数逼近方法在低值区域效果优于多高斯混合逼近方法，但是多高斯混合逼近方法在高值区域的效果优于无穷级数逼近方法，这两种方法都存在逼近阶数无法确定的缺点。文献[8]和[9]为了得到 Alpha 稳定分布的概率密度函数，提出了数值程序法，该方法在计算概率密度函数的可靠性时定义 $\alpha > 0.25$，β、γ、δ 为任意值。

Alpha 稳定分布的参数对应不同的研究目标有不同的参数系表达方式。式(4-5)是在标准参数系下的特征函数表达式(为方便描述，标准参数系记为 S^0)。但是当 α=1，β=0 时，特征函数表达式取值不连续，难以理论分析。Nolan 数值程序法采用 Zolotarev(M)参数系的特征函数来消除标准参数系下的不连续特性，Zolotarev(M)参数系记为 S^1，其表达式如下：

$$E\left[\exp(\mathrm{i}\theta X)\right]=\begin{cases}\exp\left\{-\gamma^{\alpha}\left[|\theta|^{\alpha}-\mathrm{i}\theta\beta\left(|\theta|^{\alpha-1}-1\right)\tan\left(\dfrac{\pi\alpha}{2}\right)\right]+\mathrm{i}\delta_1\theta\right\}, & \alpha\neq 1\\ \exp\left[-\gamma|\theta|\left(1+\mathrm{i}\beta\dfrac{2}{\pi}\operatorname{sgn}\theta\log|\theta|\right)+\mathrm{i}\delta_1\theta\right], & \alpha=1\end{cases} \tag{4-6}$$

S^1 的四个参数 α、β、γ、δ_1 中，特征因子 α、偏斜因子 β、散度参数 γ 与标准参数系 S^0 中表示的含义一致，位置参数 δ_1 与标准参数系 S^0 中定义的 δ 表征意义有所区别，δ_1 与 δ 具有如下关系：

$$\delta_1=\begin{cases}\delta+\beta\gamma^{\alpha}\tan\dfrac{\pi\alpha}{2}, & \alpha\neq 1\\ \delta, & \alpha=1\end{cases} \tag{4-7}$$

特征函数通过傅里叶变换得到其概率密度函数，在 γ=1，δ=0，$\alpha\neq$1 的情况下，S^1 参数系下的特征函数通过傅里叶变换得到的概率密度函数 $f_1(x)$ 为

$$f_1(x)=\frac{1}{2\pi}\int_{-\infty}^{\infty}\exp\left\{-|\theta|^{\alpha}\left[1-\mathrm{i}\beta\operatorname{sgn}\theta\tan\left(\frac{\pi\alpha}{2}\right)\left(1-|\theta|^{1-\alpha}\right)\right]\right\}\exp(-\mathrm{i}\theta x)\mathrm{d}\theta \tag{4-8}$$

概率密度函数的取值是实数，只取被积函数的实部，则

$$f_1(x)=\frac{1}{\pi}\int_{0}^{\infty}\exp\left(-\theta^{\alpha}\right)\cos\left[x\theta+\beta\tan\left(\frac{\pi\alpha}{2}\right)\left(\theta-\theta^{\alpha}\right)\right]\mathrm{d}\theta \tag{4-9}$$

同样地，在γ=1，δ=0，$\alpha\neq1$的情况下，

$$f_1(x)=\frac{1}{\pi}\int_0^{\infty}\exp\left(-\theta^{\alpha}\right)\cos\left(x\theta+\beta\frac{2}{\pi}\theta\log\theta\right)\mathrm{d}\theta \tag{4-10}$$

对式(4-9)和式(4-10)进行数值积分，得到分布的概率密度函数。根据两个参数系S^0和S^1的关系，推导标准参数系S^0下的概率密度函数。对于任意δ和γ，将服从标准参数系 S^0 分布的随机变量记为 X，服从参数系 S^1 分布的随机变量记为X_1，则得到X和X_1的关系式：

$$X\overset{d}{=}\begin{cases}\gamma X_1+\left(\gamma\beta\tan\dfrac{\pi\alpha}{2}+\delta\right), & \alpha\neq1\\ \gamma X_1+\left(\dfrac{2}{\pi}\gamma\beta\log\delta+\delta\right), & \alpha=1\end{cases} \tag{4-11}$$

其中，$\overset{d}{=}$表示分布相等，即两个表达式具有相同的概率规律。

由式(4-11)可以得到标准参数系S^0的Alpha稳定分布的概率密度函数$f(x)$，结合式(4-9)和式(4-10)，得到$f(x)$的计算公式为

$$f(x)=\begin{cases}\dfrac{1}{\gamma}f_1\left(\dfrac{x-\left[\gamma\beta\tan\left(\dfrac{\pi\alpha}{2}\right)+\delta\right]}{\gamma}\right), & \alpha\neq1\\ \dfrac{1}{\gamma}f_1\left(\dfrac{x-\left(\dfrac{2}{\pi}\beta\gamma\log\gamma+\delta\right)}{\gamma}\right), & \alpha=1\end{cases} \tag{4-12}$$

4.2.3　Alpha 稳定分布的参数估计

Alpha 稳定分布的概率密度函数除了三种特殊情况外，一般不存在固定的解析形式，因此对其进行参数估计具有一定难度。很多学者对 Alpha 稳定分布的概率密度函数进行了深度研究，提出了几种不同的参数估计方法。

在文献[10]中，当特征因子$\alpha<2$时，Alpha稳定分布的尾部渐近表示为

$$\lim_{x\to\infty}x^{\alpha}P(X>x)=c_{\alpha}(1+\beta)\gamma^{\alpha} \tag{4-13}$$

其中，c是与特征因子α有关的常数，具体值取决于α。

由式(4-13)可知，概率密度函数分布的尾部在双对数线性回归图下接近一条直线，其斜率为 α。该方法处理简单，但准确性较低，因为概率密度函数尾部的线性行为具有任意性，上述方法只能得到特征因子 α 的值，不能得到偏斜因子 β、散度参数 γ 和位置参数 δ 的值。

文献[11]中通过经典 R/S 分析法，得到 H 与特征因子 α 的近似关系为 $\alpha\approx 1/H$。这种估算方法简单，但准确性较低，且只能够得到特征因子 α 的值。

文献[12]中，Alpha 稳定分布参数估计方法还有分位点法、抽样特征函数法和极大似然估计法。极大似然估计法是一种常用的参数估计方法，用于根据观测数据估计未知参数的值。极大似然估计法具有较高的计算准确性，它基于概率论和统计学的原理，在很多领域中都有广泛应用。

极大似然估计法的计算公式如式(4-14)所示，即计算概率密度函数 $f(x, \alpha, \beta, \gamma, \delta)$ 的最大值，从而得到 Alpha 稳定分布的四个参数 α、β、γ、δ 的值：

$$\max_{\theta \in T} \prod_{i=1}^{n} f\left(x_i;\theta\right) \tag{4-14}$$

其中，$\theta=(\alpha,\beta,\gamma,\delta)$，$\alpha \in (0,2]$，$\beta \in [-1,1]$，$\gamma \in \mathbf{R}^+$ 取任意正实数，$\delta \in \mathbf{R}$ 取任意实数；T 为四个参数的联合取值空间，$T=(0,2]\times[-1,1]\times\mathbf{R}^+\times\mathbf{R}$。

4.2.4　实验仿真

网络流量以及冗余流量的重尾分布验证过程如下。

(1)统计网络流量和冗余流量的数据包序列，分别得到网络流量和冗余流量数据包大小的统计直方图，通过统计直方图可以直观地分析它们是否具有尖峰特性以及分布是否对称。

(2)对于网络流量以及冗余流量的数据包序列，根据特征因子 α，验证流量数据包序列的统计指标是否和 Alpha 稳定分布具有一致性。本节使用极大似然估计法对 Alpha 稳定分布的参数进行估计，该估计法计算相对复杂，但是具有较高的估计可靠性。分别对网络流量和冗余流量数据包序列的特征因子 α 进行估计，通过特征因子 α 的对比，验证网络流量和冗余流量是否具有重尾分布特征。

(3)得到网络流量和冗余流量数据包序列的参数估计值后，仿真得到数据包序列的统计概率密度曲线和 Alpha 稳定分布的概率密度曲线。对比两种曲线，观察 Alpha 稳定分布的概率密度曲线是否能够很好地拟合网络流量统计概率密度曲线。如果两条曲线不存在明显的不重合现象，则可以验证网络流量数据以及冗余流量数据符合 Alpha 稳定分布。

根据上述流程，在本节中，选取了 4.1.3 节中的实验数据，分别对网络流量数据 A、B、C 以及对应的冗余流量数据 a、b、c 进行 Alpha 稳定分布参数估计。网

络流量数据 A 和冗余流量数据 a 的数据包大小统计直方图如图 4-3 和图 4-4 所示。从直观上看，网络流量数据 A 和冗余流量数据 a 都呈现不对称分布，具有尖峰和重尾特性。通过极大似然估计对图 4-3 和图 4-4 中的流量数据进行 Alpha 稳定分布参数拟合，得到的概率密度曲线如图 4-5 和图 4-6 所示。从图中可以清楚地观察到，Alpha 稳定分布能较好地拟合实际流量数据的概率分布，通过式(4-13)计算得的网络流量数据 A 的特征因子 α=1.2537，冗余流量数据 a 的特征因子 α=1.1862。

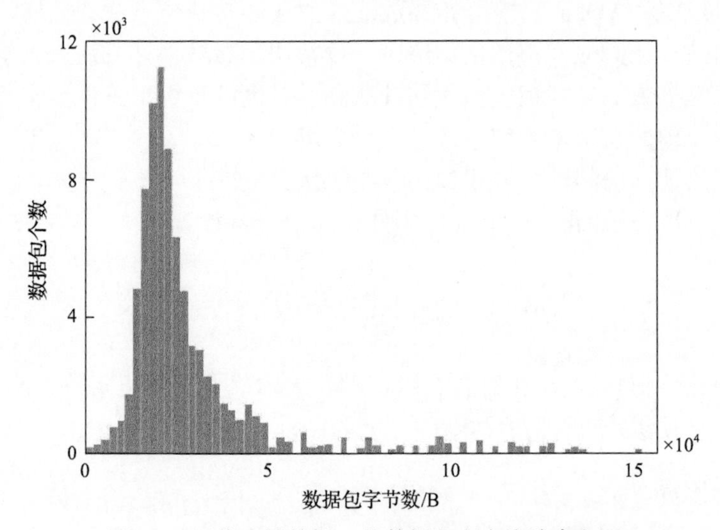

图 4-3　网络流量数据 A 的数据包大小统计直方图

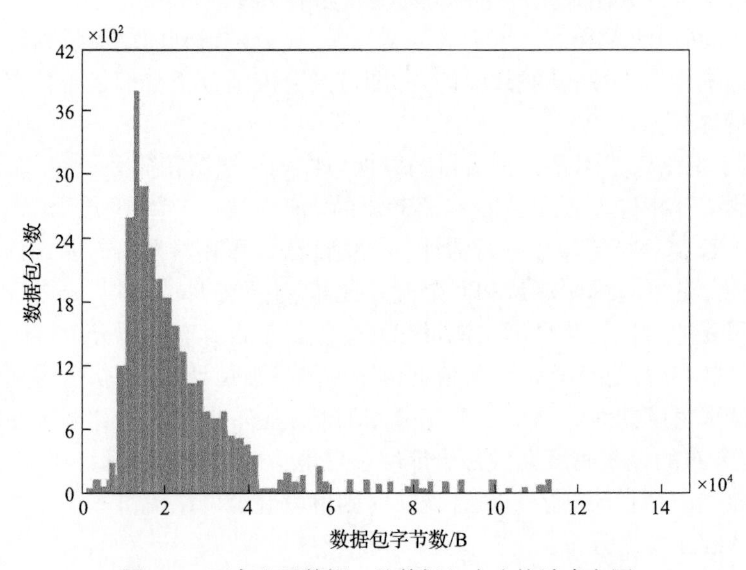

图 4-4　冗余流量数据 a 的数据包大小统计直方图

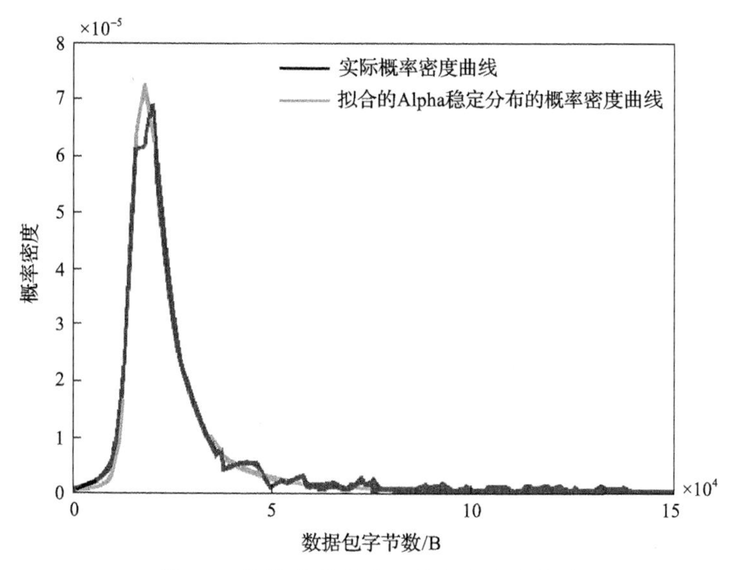

图 4-5　网络流量数据 A 的概率密度曲线

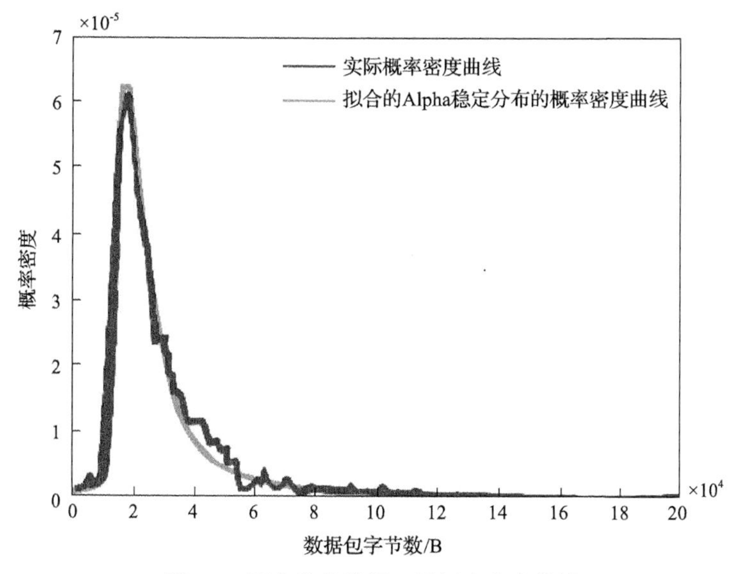

图 4-6　冗余流量数据 a 的概率密度曲线

同样，对实验数据 B、C 以及 b、c 用极大似然估计法进行 Alpha 稳定分布参数拟合，得到特征因子 α 的值如表 4-4 所示。

由表 4-4 可知，所有实验数据的特征因子均满足 $1<\alpha<2$，表明它们具有有限均值，但是总体方差无穷大，具有重尾分布特征，因此网络流量数据和冗余流量数据均具有自相似性。特征因子越小表明概率密度曲线的尖峰越强，分布的尾部越重，观察所有特征因子发现，冗余流量数据的特征因子小于相对应的网络流量

数据特征因子，说明冗余流量的自相似性优于网络流量。

表 4-4 不同实验数据的特征因子比较

实验数据	特征因子 α
A	1.2537
B	1.2365
C	1.2114
a	1.1862
b	1.2056
c	1.1427

4.3 冗余流量的多分形模型

分形一般用于描述网络流量的 Hurst 指数，能够体现自相似性中分形过程的长期行为。分形行为的特征具有多样性，如长期相关性。在真实网络中，短期行为和长期行为引起的网络流量变化差异较大，因此控制网络流量以及网络性能优化的前提是了解短时间内流量的变化规律。不同时间粒度下网络的流量行为用多重分形方法来分析。本节将多分形特性的研究引入冗余流量特性分析中，多分形小波模型作为刻画网络冗余流量特性的基础，能够对冗余流量的尺度特性进行准确描述。

4.3.1 多分形理论的定义及性质

定义 4.1 多分形过程。如果一个具有平稳增量的随机过程$\{X(t),t\in\mathbf{R}^+\}$，其增量的高阶矩有如下形式：

$$E\left[\left|X(t+\Delta t)-X(t)\right|^q\right]=c(q)(\Delta t)^{\tau(q)+1} \tag{4-15}$$

则随机过程$\{X(t),t\in\mathbf{R}^+\}$为多分形过程，其中，$c(q)$为矩因子，$\tau(q)$为尺度函数，均满足时间独立性。$\tau(q)$和$q$的关系决定了该随机过程的类型，若$\tau(q)$是$q$的线性函数，则说明该过程是自相似过程；若$\tau(q)$和$q$为非线性关系，且$\tau(q)$是$q$的凸函数，则证明该随机过程的类型是一个多分形过程。对于参数为H的自相似过程，存在如下关系：

$$\begin{cases}\tau(q)=qH-1\\ c(q)=E\left[\left|X(1)\right|^q\right]\end{cases} \tag{4-16}$$

因此，如果网络流量数据包序列的过程是一个多分形过程，那么尺度函数 $\tau(q)$ 和 q 具有非线性关系，且 $\tau(q)$ 是一个凸函数。此外，根据式(4-15)，当 $q=0$ 时，$\tau(q)=-1$。

定义 4.2　文献[13]中描述了奇异指数：设 $g(t)$ 为时刻 t 邻域上的一个函数，若其无穷小量的增量函数满足如下尺度关系：

$$\left|g(t+\Delta t)-g(t)\right| \sim C_t(\Delta t)^{a(t)} \tag{4-17}$$

其中，C_t 是正常数，与时间 t 有关；$a(t)$ 为前置因子，为函数 $g(t)$ 在时刻 t 上的奇异指数。

奇异指数又称为 Hölder 指数或局部奇异度，$a(t)\in(-\infty,+\infty)$。把时间区间 $[0,T]$ 划分为 b^k 个等长的子区间，其中，k 表示划分的阶段。对于每个子区间，$a_k(t_i)=\log\left|g\left(t_i+b^{-k}T\right)-g\left(t_i\right)\right|/\log b^{-k}$。将 $a(t)$ 划分为互不重叠的区间 $\left(\overline{a_j},\overline{a_j}+\Delta a\right)$, $N_k\left(\overline{a_j}\right)$ 表示第 j 个子区间内 $a_k(t_i)$ 的个数。当 $k\to+\infty$ 时，$N_k(a)/b^k$ 表示时间具有奇异指数的概率。

定义 4.3　多分形谱[14]。对于 $g(t)$，定义多分形谱表达式：

$$f(a)\equiv\lim\left[\frac{\log N_k(a)}{\log b^k}\right] \tag{4-18}$$

其中，若 t 的取值为正，则 $g(t)$ 为多分形的，其多分形谱记为 $f(a)$。多分形谱的奇异指数不具有单一性，在一定范围内会发生变化。

定义 4.4　分割函数[15]。将长度为 mM 的流量数据包序列 $X(t)$ 分割成独立且大小为 m 的模块，定义 k 为 M 个子区间的索引值。

$$S(q,m)\equiv\sum_{k=1}^{M}\left(\overline{X_k^{(m)}}\right)^q \tag{4-19}$$

其中，$\overline{X_k^{(m)}}=\sum_{i=1}^{m}X_{(k-1)m+i}$。如果 $X(t)$ 是多分形的，则它的 q 阶矩阵存在时，尺度法则变为

$$\log\{E[S(q,m)]\}=\tau(q)\log m+\log[c(q)] \tag{4-20}$$

在样本数量足够多的情况下，$S(q,m)\approx E[S(q,m)]$，$\log[S(q,m)]$ 和 $\log m$ 之间满足：

$$\log[S(q,m)]=\tau(q)\log m+C \tag{4-21}$$

其中，C 是常数。如果 $\log[S(q,m)]$ 与 $\log m$ 呈线性关系，那么表明所测数据是多分

形的。

4.3.2 多分形小波模型

小波分析是一种时频局部化分析方法，窗口大小固定，但是时间窗、频率窗和形状具有可变性。该方法首先分解多层信号，以便对不同尺度下的小波特性和尺度行为进行研究，然后对信号在整体上呈现的尺度行为特性进行深入研究。基于小波分析，文献[16]提出了多分形小波模型，它是一种用于分析和建模多分形数据的统计模型。它基于小波分析和多分形理论的思想，通过将信号分解为多个尺度上的分形来揭示和描述信号的多尺度特性和非线性特征。帮助理解和揭示复杂信号的多尺度特征、非线性动态和长期相关性，对于模式识别、异常检测、数据压缩和预测等问题具有重要意义。在对网络流量特性进行分析时，需要对小波模型的小波和尺度系数加以约束，以更符合网络流量特性的实际情况。

小波分解算法主要将信号分解为高频和低频两部分，再对分解后的信号继续分解，即通过多次分解的方式对信号高频部分的统计特性进行研究。周期小的信号表现为高频信号，即为了达到局部细致分析的目的，对小时间尺度下的信号分辨率进行提高。多分形小波建模的主要思想是：用时间序列表述网络流量分布特性，采用具有对称分布特点的 β 分布得到尺度和小波系数的比值，再由小波重构算法生成网络模拟流量。

多分形小波模型采用的是 Haar 小波分析，它的尺度函数 $\phi(x)$ 为

$$\phi(x)=\begin{cases}1, & 0\leqslant x<2\\ 0, & \text{其他}\end{cases} \tag{4-22}$$

小波函数 $\psi(x)$ 与尺度函数 $\phi(x)$ 的关系为

$$\psi(x)=\phi(2x)-\phi(2x-1) \tag{4-23}$$

对于信号 $X(t)$，尺度系数 $U_{j,k}$ 和小波系数 $W_{j,k}$ 分别表示为

$$U_{j,k}=\int X(t)\phi_{j,k}(t)\mathrm{d}t \tag{4-24}$$

$$W_{j,k}=\int X(t)\psi_{j,k}(t)\mathrm{d}t \tag{4-25}$$

其中，j=0,1,2,⋯,n 表示尺度；k 表示不同的移位位置。j=0 表示最粗的尺度，分辨率最低；j=n 表示最细的尺度，分辨率最高。

网络流量中一维时间序列 $X(t)$ 是非负的，则对任意 j 和 k 而言，不同尺度情况下的均值也是非负的。由尺度系数和小波系数的逆变换可推出约束条件：$\left|W_{j,k}\right|\leqslant U_{j,k}$，其中，$j$ 和 k 可任意取值。因此可定义

$$W_{j,k} = A_{j,k} U_{j,k} \tag{4-26}$$

其中，$A_{j,k}$ 为在$[0,1]$上的随机变量，由此可得

$$U_{j+1,2k} = 2^{-1/2}(1 + A_{j,k})U_{j,k} \tag{4-27}$$

$$U_{j+1,2k+1} = 2^{-1/2}(1 - A_{j,k})U_{j,k} \tag{4-28}$$

其中，$U_{0,0}$ 可为 β 分布 $\beta_{0,M}(P_{-1}, P_{-1})$ 的随机变量，P_j 为尺度参数，$M > 0$。

多分形小波模型的算法流程如下：

(1)设尺度 $j = 0$，计算尺度最粗、分辨率最低的 $U_{0,0}$；

(2)依据分布 $\beta_{-1,-1}(P_j, P_j)$ 在尺度 j 下得到 $A_{j,k}$，同时计算 $W_{j,k}$；

(3)尺度为 j 时，根据 $W_{j,k}$ 和 $U_{j,k}$ 计算出 $U_{j+1,2k}$ 和 $U_{j+1,2k+1}$；

(4)重复步骤(2)和(3)，直到得到第 n 层的 $W_{j,k}$ 和 $U_{j,k}$；

(5)利用 $W_{j,k}$ 和 $U_{j,k}$ 进行小波逆变换，得到仿真流量。

为了方便小波中的排队分析，一般选择 β 分布进行建模，依据 β 分布可得到尺度系数的初值，再迭代得到 Haar 小波变换各层的尺度系数和小波系数，由式(4-29)计算网络流量：

$$X(t) = \sum_{k=0}^{2^{j-1}} U_{j,k} \phi_{j,k}(t) + \sum_{j=0}^{n} W_{j,k} \psi_{j,k}(t) \tag{4-29}$$

4.3.3 柯西-拉普拉斯小波模型

柯西分布具有较缓慢的尾部衰减特性，能够很好地拟合冗余流量的重尾分布特性。然而，柯西分布在描述冗余流量的尖峰特性时效果不如拉普拉斯分布。为了综合利用柯西分布和拉普拉斯分布的优点，本节提出了一种基于柯西分布和拉普拉斯分布混合的多分形小波模型。这个模型允许在计算不同尺度下的小波系数和尺度系数的比例系数时，采用柯西分布和拉普拉斯分布的混合分布。混合模型可以更好地适应冗余流量的特性，能够处理重尾分布特性和尖峰特性。它的算法类似于改进的多分形小波模型，但在计算比例系数时采用了混合分布，从而更准确地捕捉冗余流量的复杂特性。

柯西-拉普拉斯小波模型采用柯西分布和拉普拉斯分布共同确定比例系数 $A_{j,k}$，比例系数 $A_{j,k}$ 被分为两部分，在某个分类范围内，比例系数 $A_{j,k}$ 由拉普拉斯分布来确定，而其他范围内由柯西分布来确定，计算出分类阈值 T 即可得到分

类范围。

拉普拉斯分布的概率密度函数$f(x)$为

$$f(x)=\frac{1}{2b}\exp\left(-\frac{|x-\mu|}{b}\right) \tag{4-30}$$

其中，μ是位置参数，且$\mu>0$；b是尺度参数，且$b>0$。本节中冗余流量的序列长度N取值为1，不妨设位置参数$\mu=0.5$，对于冗余流量序列X，其拉普拉斯分布的概率密度函数为

$$f(x)=\frac{1}{2b}\exp\left(-\frac{|x-0.5|}{b}\right) \tag{4-31}$$

尺度参数b可以通过极大似然估计法来确定。设$X_1, X_2,\cdots, X_n$是来自总体X的独立样本，则b的极大似然估计为

$$\hat{b}=\frac{1}{n}\sum_{i=1}^{n}|X_i-0.5| \tag{4-32}$$

柯西分布的概率密度函数$g(x)$可以表示为

$$g(x)=\frac{1}{\pi}\left[\frac{\gamma}{(x-\mu)^2+\gamma^2}\right] \tag{4-33}$$

其中，μ是位置参数；γ是尺度参数。同样这里的μ取值为0.5，对于冗余流量序列X，其柯西分布的概率密度函数$g(x)$为

$$g(x)=\frac{1}{\pi}\left[\frac{\gamma}{(x-0.5)^2+\gamma^2}\right] \tag{4-34}$$

尺度参数γ同样由极大似然估计法来确定。设$X_1, X_2,\cdots,X_n$是来自总体X的独立样本，则γ的极大似然估计为

$$\hat{\gamma}=\left(\frac{1}{1-n}\right)\left(\sum_{i=1}^{n}X_i-0.5\right)^2 \tag{4-35}$$

拉普拉斯分布和柯西分布的位置参数$\mu=0.5$，因此$T-0.5$关于原点对称，其中T为分类阈值。假设比例系数$A_{j,k}$由柯西分布来确定，对于拉普拉斯分布，其概率密度函数在$[-T+0.5,T-0.5]$内的积分值等于柯西分布概率密度函数在$[-T+0.5,$

T–0.5]内的积分值。

设 $P_C(T)$ 为柯西分布概率密度函数在[$-T$+0.5,T–0.5]内的积分值，计算式为

$$P_C(T) = P(-T + 0.5 \leqslant x \leqslant T - 0.5) = \int_{-T+0.5}^{T-0.5} \frac{1}{\pi} \frac{\gamma}{(x-0.5)^2 + \gamma^2} \mathrm{d}x \tag{4-36}$$

设 $P_L(T)$ 为拉普拉斯分布概率密度函数在[$-T$+0.5,T–0.5]内的积分值，计算式为

$$P_L(T) = P(-T + 0.5 \leqslant x \leqslant T - 0.5) = \int_{-T+0.5}^{T-0.5} \frac{1}{2b} \exp\left(-\frac{|x-0.5|}{b}\right) \mathrm{d}x \tag{4-37}$$

令 $P_C(T) = P_L(T)$，综合式(4-32)和式(4-35)，则计算可得分类阈值 T。

在柯西-拉普拉斯小波模型中，比例系数 $A_{j,k}$ 的确定方式如下：当$|x| \leqslant T-0.5$ 时，比例系数 $A_{j,k}$ 由拉普拉斯分布确定；当$|x|>T-0.5$ 时，比例系数 $A_{j,k}$ 由柯西分布确定。

最粗的尺度系数 $U_{0,0}$ 由式(4-24)和 Haar 小波函数得

$$U_{0,0} = \int X(t)\phi_{j,k}(t)\mathrm{d}t = \int_0^1 X(t)\mathrm{d}t \tag{4-38}$$

柯西-拉普拉斯小波模型算法具体流程如下：

(1)设尺度 $j=0$，计算尺度最粗、分辨率最低的 $U_{0,0}$；

(2)计算分类阈值 T，当$|x| \leqslant T-0.5$ 时，比例系数 $A_{j,k}$ 由拉普拉斯分布确定；当$|x|>T-0.5$ 时，比例系数 $A_{j,k}$ 由柯西分布确定，然后计算 $W_{j,k}$；

(3)尺度为 j 时，根据 $W_{j,k}$ 和 $U_{j,k}$ 得到 $U_{j+1,2k}$ 和 $U_{j+1,2k+1}$；

(4)重复步骤(2)和(3)，直到得到第 n 层的 $W_{j,k}$ 和 $U_{j,k}$；

(5)对 $W_{j,k}$ 和 $U_{j,k}$ 进行小波逆变换，得到仿真流量。

4.3.4 实验仿真

本节对冗余流量数据 a 进行实验分析，目的是更好地理解其特性。然而，由于数据 a 在小时间尺度上表现出相对较少的数据包到达情况，甚至在某些时间段内出现了无数据包到达的情况，在进一步分析之前，需要对数据进行预处理。将时间间隔设定为 0.1s，仅提取前 2^{15} 个数据，生成的冗余流量数据记为 a_100ms。分别按照改进的多分形小波模型和柯西-拉普拉斯小波模型，对冗余流量数据 a_100ms 进行聚合，得到每一层的数据有 2^{15} 个，因此通过分解得到的数据也有 15 层。为了更深入地研究数据特性，本节提供了第 3 个时间层数据的概率密度分

布和相关的分布曲线图，具体如图 4-7～图 4-10 所示。这些图旨在帮助阐明数据的分布特征和统计特性，有助于更好地理解冗余流量数据。

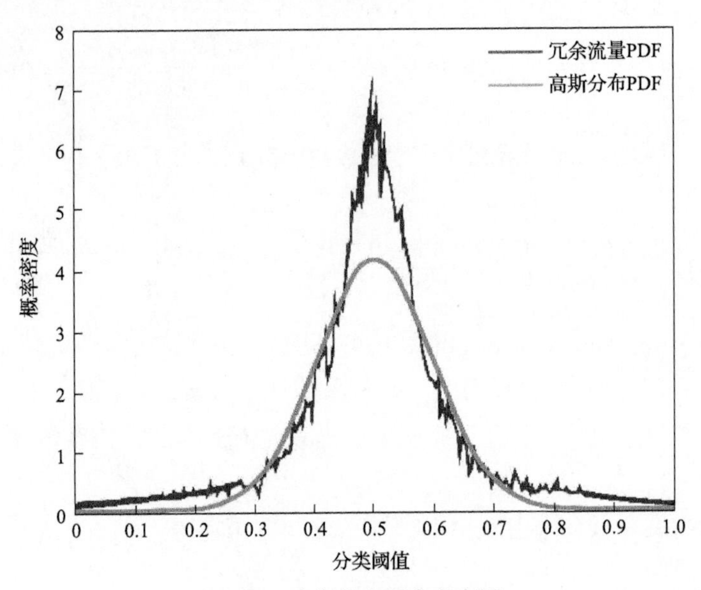

图 4-7　高斯分布概率密度图

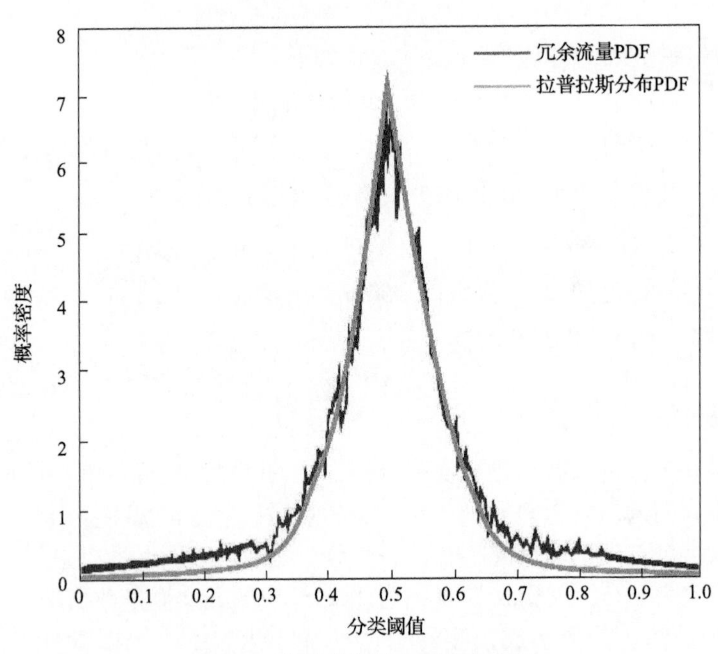

图 4-8　拉普拉斯分布概率密度图

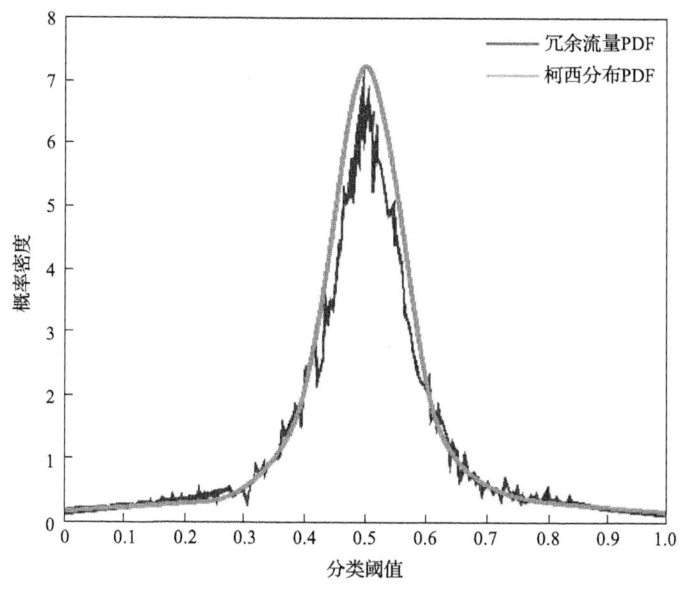

图 4-9　柯西分布概率密度图

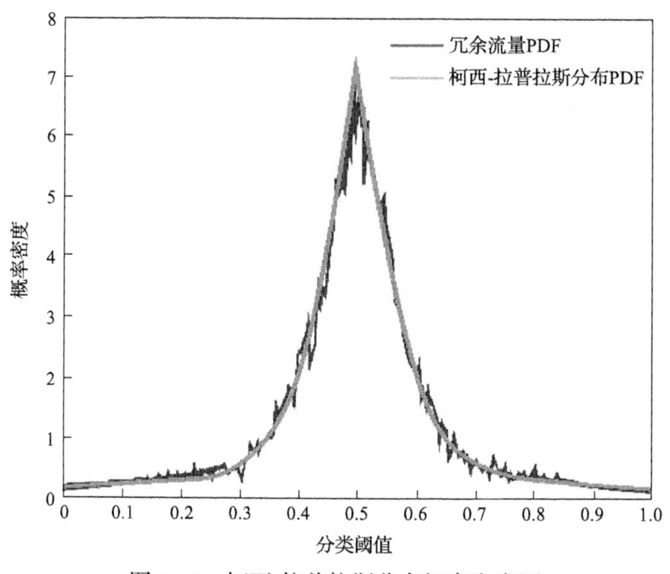

图 4-10　柯西-拉普拉斯分布概率密度图

从图 4-7 可知，采用高斯分布的多分形小波模型，无论描述冗余流量 a_100ms 的尖峰特性还是重尾分布特性，均无法与第 3 层冗余流量的概率密度函数相拟合，由此计算出高斯分布产生小波系数和尺度系数的比例系数 $A_{j,k}$ 拟合冗余流量的概率密度效果较差。

图 4-8 采用拉普拉斯分布的多分形小波模型，拉普拉斯分布概率密度以指数

增长或衰减的方式很好地拟合了冗余流量 a_100ms 的概率密度尖峰特性。但是，拉普拉斯分布概率密度函数的指数衰减性质使拉普拉斯分布不能准确地描述冗余流量的重尾特性，尾部的衰减与实际冗余流量 a_100ms 在重尾分布上存在较大差异。因此，由拉普拉斯分布产生的小波系数和尺度系数的比例系数 $A_{j,k}$ 拟合冗余流量 a_100ms 的概率密度效果相对于高斯分布较好。综上，拉普拉斯分布的多分形小波模型在拟合冗余流量a_100ms的多分形特性,尤其在描述冗余流量a_100ms的尖峰特性上效果较好，但是在描述其重尾分布特性方面存在不足。

图 4-9 采用柯西分布的多分形小波模型，相对于高斯分布和拉普拉斯分布，柯西分布的尾部衰减较慢，具有重尾特性，能够准确地描述冗余流量 a_100ms 的尾部特性。由图 4-9 可知，柯西分布的概率密度很好地拟合了冗余流量 a_100ms 的概率密度重尾特性。但是，在描绘冗余流量 a_100ms 的概率密度尖峰特性上，柯西分布没有拉普拉斯分布效果好。因此，柯西分布的多分形小波模型在拟合冗余流量 a_100ms 的多分形特性，尤其是在描述冗余流量 a_100ms 的重尾特性上效果较好，但是在描述尖峰特性方面存在不足。

图 4-10 采用柯西分布和拉普拉斯分布混合的多分形小波模型。该模型在描述冗余流量 a_100ms 的概率密度尖峰特性以及重尾特性方面都有很好的拟合效果。在柯西-拉普拉斯小波模型中，根据 4.3.3 节中的方法求得阈值 T 为 0.6，因为冗余流量的概率密度分布在 0.5 处对称，故在[0.4, 0.6]内，对冗余流量 a_100ms 的拟合采用拉普拉斯分布，而在(0,0.4)和(0.6,1]内，对冗余流量 a_100ms 的拟合采用柯西分布。

由 4.3.1 节可知，多分形谱是衡量冗余流量是否具有多分形特性和多分形小波模型的重要标准。这里分别对柯西-拉普拉斯分布、柯西分布、拉普拉斯分布、高斯分布的冗余流量多分形谱进行分析对比。实验数据选取冗余流量数据 a_100ms，实验结果如图 4-11 所示。

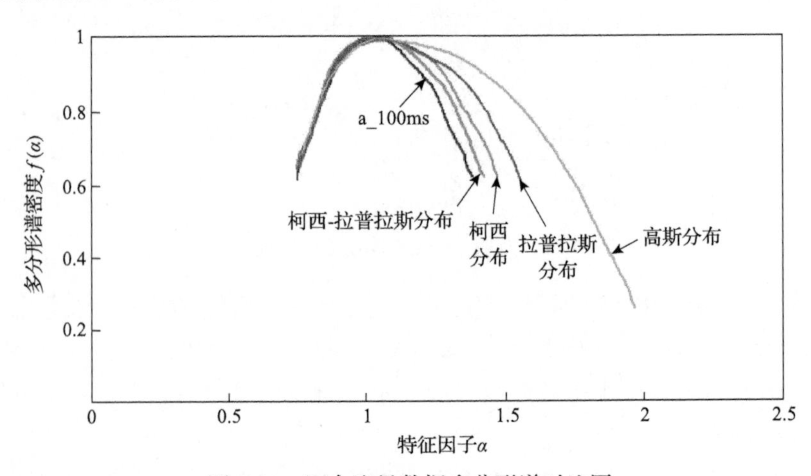

图 4-11　冗余流量数据多分形谱对比图

根据图 4-11，柯西-拉普拉斯小波模型是所有模型中对冗余流量多分形谱拟合程度最好的模型。当 α<1 时，这四种模型与冗余流量的多分形谱非常接近，都能够较好地描述此时的冗余流量多分形特性；当 α>1 时，四种模型对冗余流量多分形特性的描述效果不同。其中，柯西-拉普拉斯小波模型对冗余流量的多分形特性描述效果最好，高斯分布多分形小波模型的描述效果最差，因此当 α>1 时柯西-拉普拉斯小波模型能够有效地描述冗余流量的多分形谱。

参 考 文 献

[1] 虞传明，王汝传，林巧民．基于方差时间图法的关键参数选取方法．信息化研究，2012, 38(1): 21-24.

[2] Wei Y Q, Luo Q M, Mantooth A. LLC resonant converter-frequency domain analysis or time domain analysis//2020 IEEE 9th International Power Electronics and Motion Control Conference, Nanjing, 2020: 552-557.

[3] Zhou P Z, Peng Y C, Du J B. Topology optimization of bi-material structures with frequency-domain objectives using time-domain simulation and sensitivity analysis. Structural and Multidisciplinary Optimization, 2021, 63(2): 575-593.

[4] Jonathan B, Marc L. A review of the fractal market hypothesis for trading and market price prediction. Mathematics, 2021, 10(1): 117.

[5] Adrian S J, Alexandru I, Cristina S C, et al. Network self-similar traffic generator with variable Hurst parameter//2020 International Symposium on Electronics and Telecommunications, Timisoara, 2020: 1-4.

[6] Tsionas M G. Bayesian analysis of static and dynamic Hurst parameters under stochastic volatility. Physica A: Statistical Mechanics and Its Applications, 2021, 567: 125647.

[7] Geldhauser C, Romito M. Limit theorems and fluctuations for point vortices of generalized Euler equations. Journal of Statistical Physics, 2021, 182(3): 1-27.

[8] El-Morshedy M, Eliwa M S, Al-Bossly A, et al. A new probability heavy-tail model for stochastic modeling under engineering data. Journal of Mathematics, 2022, 2022(1): 1910909.

[9] Grahovac D. Multifractal processes: Definition, properties and new examples. Chaos, Solitons & Fractals, 2020, 134: 109735.

[10] Zhou Y F, Li R P, Zhao Z F,et al. On the α-stable distribution of base stations in cellular networks. IEEE Communications Letters, 2015, 19(10): 1750-1753.

[11] Zhao Y H, Huang X Y, Wang Z W. The A_α-spectral radius and perfect matchings of graphs. Linear Algebra and Its Applications, 2021, 631: 143-155.

[12] Tsai T R, Lio Y, Fan Y Y, et al. Bias correction method for log-power-normal distribution. Mathematics, 2022, 10(6): 955.

[13] Smant G, Stokkermans J P W G, Yan Y, et al. Endogenous cellulases in animals: Isolation of β-1, 4-endoglucanase genes from two species of plant-parasitic cyst nematodes. Proceedings of the National Academy of Sciences, 1998, 95(9): 4906-4911.

[14] Lopes R, Betrouni N. Fractal and multifractal analysis: A review. Medical Image Analysis, 2009, 13(4): 634-649.

[15] Xia E X W, Zhao X. Truncated sums for the partition function and a problem of Merca. Revista de La Real Academia de Ciencias Exactas, fÍsicasy Naturales. Serie A. Matemáticas, 2022, 116: 1-8.

[16] Riedi R H, Crouse M S, Ribeiro V J, et al. A multifractal wavelet model with application to network traffic. IEEE Transactions on Information Theory, 1999, 45(3): 992-1018.

第 5 章　基于时间序列的冗余流量特性分析

时间序列[1]的统计意义是指将某一指标在不同时间上的统计数值，按时间先后顺序排列组成的序列。对某个过程中的一个或一组变量 $x(t)$ 进行观察，将 $t_1,t_2,\cdots,t_n$（t 为自变量且 $t_1<t_2<\cdots<t_n$）这一系列时刻所得到的离散数字组成有序数列集合 $\{x(t_1),x(t_2),\cdots,x(t_n)\}$。

本章通过对冗余流量的时间序列进行分析，研究其性质特征。一般网络中流量的时间序列分为两种：小尺度时间序列是以微秒或毫秒为单位的样本数值集合；大尺度时间序列是以秒、分或更大的时间尺度为单位的样本数值集合。

5.1　周　期　性

周期性是网络流量最显著的特征，揭示了网络流量规律的变化趋势[2]。周期性特征不仅能反映大规模网络行为的影响，也能反映网络流量的长期变化趋势及短时间内的突变。

周期性分析采用的流量时间序列是以较大时间尺度为单位的序列，而网络流量在大时间尺度上具有复杂的非线性特征，属于非平稳时间序列。对于序列 $x(t)$，若在所有 t 中存在一个最小的正整数 T，满足

$$x(t)=x(t+T),\quad -\infty<t<+\infty \tag{5-1}$$

则序列 $x(t)$ 具有周期性，周期为 T。

5.1.1　冗余流量信号的周期分析

网络流量周期性的预测通常是以大尺度时间序列为研究对象[3]。常见的周期形式有日、周、年等。

1. 一日的周期

每日网络流量的变化在周期上体现为三对波峰和波谷，分别对应上午上班时间、下午上班时间和晚上上网高峰期(峰)，中午休息时间、下午休息时间以及凌晨休息时间(谷)。网络流量一日内表现出的三对波峰和波谷特点与冗余流量实验室测试数据相符。

2. 一周的周期

将工作日和休息日作为划分标志。工作日(周一到周五)每天的流量幅度表现出大致相同的分布特征，而休息日表现出与工作日流量幅度不同但趋势相同的分布特征。

3. 一年的周期

1994 年，Groschwitz 等[4]对 NSFNET 主干网流量做了长达 5 年的分析研究，发现网络流量序列具有以年为周期的特征。以校园网为例，存在以学习期和寒暑假为明显标志的年周期规律。

5.1.2 冗余流量时间序列的周期分析

1. 傅里叶分析法

傅里叶分析法是基于快速傅里叶变换(fast Fourier transform，FFT)的频谱分析法[5]。频谱分析也称频率分析，是将时域信号变换到频域内进行分析，从频域角度来分析不同频率对应的谱线或曲线表现出的变化规律，它是分析时间序列周期性的常用工具。频谱分析通常表示为以频率为横坐标、幅值谱或功率谱为纵坐标的频谱图。

频谱分析分为离散谱分析和连续谱分析两种方法[6]。离散谱分析是针对离散信号进行的频谱分析，是对在离散时间点上采样得到的信号进行频域分析的过程。连续谱分析是针对连续信号进行的频谱分析，是对在整个时间范围内的连续信号进行频谱分析的过程。对序列进行功率谱或幅值谱估计，找出谱图中峰值的个数及其对应频率，便可确定序列的周期。

分析的计算过程如下。

(1)把时间序列 $x(k)(k=1,2,\cdots,2N-1)$ 分成两个函数：

$$\begin{cases} h(k)=x(2k) \\ g(k)=x(2k+1) \end{cases}, \quad k=0,1,\cdots,N-1 \tag{5-2}$$

(2)将这两个函数构成一个复函数：

$$y(k)=h(k)+\mathrm{i}g(k) \tag{5-3}$$

(3)计算

$$Y(n)=\sum_{k=0}^{N-1} y(k)\mathrm{e}^{-\mathrm{i}2\pi nk/N}=R(n)+\mathrm{i}I(n) \tag{5-4}$$

其中，$R(n)$ 和 $I(n)$ 分别表示 $Y(n)$ 的实部和虚部，$n=0,1,\cdots,N-1$。

(4)计算

$$X_r(n)=\left[\frac{R(n)}{2}+\frac{R(N-n)}{2}\right]+\cos\frac{n\pi}{N}\left[\frac{I(n)}{2}+\frac{I(N-n)}{2}\right]-\sin\frac{n\pi}{N}\left[\frac{R(n)}{2}+\frac{R(N-n)}{2}\right] \tag{5-5}$$

$$X_t(n)=\left[\frac{I(n)}{2}-\frac{I(N-n)}{2}\right]-\sin\frac{n\pi}{N}\left[\frac{I(n)}{2}+\frac{I(N-n)}{2}\right]-\cos\frac{n\pi}{N}\left[\frac{R(n)}{2}-\frac{R(N-n)}{2}\right] \tag{5-6}$$

其中，$X_r(n)$ 和 $X_t(n)$ $(n=0,1,\cdots,N-1)$ 分别是 $x(k)$ 的 $2N$ 点离散变换的实部和虚部。

(5)计算频谱值为

$$S_n^2=\frac{1}{2}(X_r^2+X_t^2) \tag{5-7}$$

2. 最大熵谱分析法

序列相依性指的是序列中相邻数据点之间的关联程度或相关性。一般来说，一个序列的相依性越弱，其不确定性越大或随机性越强[7]。设 V_f 为时间序列的方差谱密度，$V_f>0\left(-\frac{1}{2}\leqslant f\leqslant\frac{1}{2}\right)$，则此序列的谱熵为

$$H=\int_{-\frac{1}{2}}^{\frac{1}{2}}\log V_f\,\mathrm{d}f \tag{5-8}$$

序列的随机性大小或不确定性大小反映了谱熵的变化趋势。序列的随机性越强，其谱熵越大[8]。

若序列的自相关系数 $\rho_k(k=\pm1,\pm2,\cdots,\pm m)$ 已知，则

$$\int_{-\frac{1}{2}}^{\frac{1}{2}}V_f\mathrm{e}^{\mathrm{i}2\pi fk}\mathrm{d}f=\rho_k \tag{5-9}$$

在满足式(5-9)的约束条件下选择的 V_f 为方差谱密度的序列，其谱熵也最大，称该原则为最大熵谱估计原则。以此原则推导的最大熵谱为

$$I_f=\frac{P(k_0)}{\left|1-\sum_{k=1}^{k_0}B(k_0,k)\mathrm{e}^{-\mathrm{i}2\pi f}\right|^2} \tag{5-10}$$

其中，$f = 1/T$ 为频率；T 为周期；i 为虚数单位；$P(k_0)$ 为与截止阶 k_0 相对应的残差方差；$B(k_0, k)$ 为 k_0 阶反射系数。

截止阶 k_0 通常通过如下准则确定。

最终预报误差（final prediction error，FPE）准则的计算公式为

$$\mathrm{FPE}(k) = \frac{N + k + 1}{N - k - 1} P(k) \tag{5-11}$$

赤池信息量准则（Akaike information criterion，AIC）的计算公式为

$$\mathrm{AIC}(k) = N \log[P(k)] + 2k \tag{5-12}$$

最小描述长度（minimum description length，MDL）准则的计算公式为

$$\mathrm{MDL}(k) = N \log[P(k)] + k \log N \tag{5-13}$$

自回归传递（criterion autoregressive transfer，CAT）准则的计算公式为

$$\mathrm{CAT}(k) = \frac{1}{N} \sum_{i=1}^{k} \frac{1}{\tilde{P}(i)} - \frac{1}{\tilde{P}(k)} \tag{5-14}$$

其中，$P(k)$ 为残差方差，$\tilde{P}(i) = \dfrac{N}{N - i} P(i)$。计算时选取使公式取值最小的 k 作为其最佳截止阶 k_0。

反射系数 $B(k_0, k)$ 的推导采用伯格递推算法[9]。对于已知的时间序列 $x = \{x_1, x_2, \cdots, x_N\}^{\mathrm{T}}$，伯格递推算法的步骤如下。

（1）从 $k_0 = 1$ 开始递推，由式（5-15）计算零阶参数：

$$f_{0,k} = b_0,\quad k = x_k \tag{5-15}$$

$$P(0) = \frac{1}{N} \sum_{k=1}^{N} x_k x_k \tag{5-16}$$

（2）计算反射系数 $B(k_0, k)$：

$$B(k_0, k) = -\frac{2 \sum_{k=1}^{N-k_0} f_{k_0-1,k+1} b_{k_0-1,k}}{\sum_{k=1}^{N-k_0} \left(\left| f_{k_0-1,k+1} \right|^2 + \left| b_{k_0-1,k} \right|^2 \right)} \tag{5-17}$$

（3）用莱文森（Levinson）递推法计算 $B(k_0, k)$：

$$B(k_0, k) = B(k_0 - 1, k) - B(k_0, k) \times B(k_0 - k, k - 1) \tag{5-18}$$

其中，$k=1,2,\cdots,k_0-1$。

(4) 计算 $P(k_0)$：

$$P(k_0)=P(k_0-1)\left(1-\left|B(k_0,k)\right|^2\right) \tag{5-19}$$

(5) 通过不断更新，得到 $f_{k_0,k}$ 和 $b_{k_0,k}$，完成递推过程：

$$f_{M,k}=f_{M-1,k}+B(k_0,k_0)\times b_{M-1,k} \tag{5-20}$$

$$b_{M,k}=b_{M-1,k-1}+B(k_0,k_0)\times f_{M-1,k} \tag{5-21}$$

(6) 重复过程 (2)～(5)，得到 $B(1,k),B(2,k),\cdots$ 和 $P(1),P(2),\cdots$。

最大熵谱分析法的估计步骤可归纳如下：

(1) 将原始序列中心化、标准化得到新序列 $x_t(t=1,2,\cdots,n)$；

(2) 由伯格递推算法计算 $B(k_0,k)$ 和 $P(k)$；

(3) 由 FPE 准则选取最佳截止阶 k_0；

(4) 根据 k_0 计算出 $B(k_0,k)(k=1,2,\cdots,k_0-1)$；

(5) 由式 (5-10) 计算出最大熵谱 I_f；

(6) 以频率 f 为横坐标，I_f 为纵坐标绘制最大熵谱图；

(7) 在频谱图中找出峰值对应的频率 f，对应的周期就是该时间序列的周期 T。

3. 功率谱分析法

功率谱分析法主要通过计算序列的自相关函数，利用自相关函数与功率谱密度的关系，对时间序列进行功率谱估计[10]。其连续功率谱估计的方法步骤如下。

(1) 计算样本的自相关函数：

$$r(\tau)=\frac{1}{n-\tau}\sum_{i=1}^{n-\tau}\left(\frac{x_i-\overline{x}}{s}\right)\left(\frac{x_{i+\tau}-\overline{x}}{s}\right) \tag{5-22}$$

其中，$\tau=0,1,2,\cdots,m$，m 为最大落后时间长度；$\overline{x}$ 和 s 分别为序列的均值和标准差。

(2) 求粗谱功率谱估计：

$$\widehat{S}_l=\frac{1}{m}\left[r(0)+2\sum_{\tau=1}^{m-1}r(\tau)\cos\left(\frac{\pi l}{m}\tau\right)+r(m)\cos(\pi l)\right] \tag{5-23}$$

其中，$l=0,1,\cdots,m$。

(3) 计算平滑功率谱。为消除粗谱估计的误差，采用 Hanning 窗函数对其进行

平滑处理，作为功率谱的最后估计[11]。平滑公式为

$$\begin{cases} S_0 = \frac{1}{2}\widehat{S}_0 + \frac{1}{2}\widehat{S}_l \\ S_l = \frac{1}{4}\widehat{S}_{l-1} + \frac{1}{2}\widehat{S}_l + \frac{1}{4}\widehat{S}_{l+1} \\ S_m = \frac{1}{2}\widehat{S}_{m-1} + \frac{1}{2}\widehat{S}_m \end{cases} \tag{5-24}$$

(4)绘制谱图。以波数 l 为横坐标，平滑功率谱为纵坐标绘制谱图。谱曲线的极大值反映了第 l 个谐波对应序列的周期，周期与谐波 l 的关系为

$$T_l = \frac{2m}{l} \tag{5-25}$$

4. 小波分析法

对于给定的小波变换 $\psi(t)$ [12]，由于时间序列是离散的，所以时间序列 $f(t)$ 的离散小波变换形式为

$$W_f(a,b) = |a|^{-\frac{1}{2}} \Delta t \sum_{k=1}^{N} f(k\Delta t)\overline{\psi}\left(\frac{k\Delta t - b}{a}\right) \tag{5-26}$$

其中，a 为尺度因子，反映小波的周期长度；b 为时移因子；$W_f(a,b)$ 为小波变换系数。小波变换系数 $W_f(a,b)$ 反映了时间序列的小波变化特征，对于不同尺度因子 a，小波变换系数的绝对值越大，在该尺度下的变换越显著。

$$P(a) = \frac{1}{N}\sum_{k=1}^{N}\left|W_f(a,b_k)\right|^2 \tag{5-27}$$

其中，$P(a)$ 为小波频谱，表示在尺度因子 a 下时间序列的波动；N 为序列的长度。小波功率谱随尺度因子 a 变化生成的图像称为小波功率谱图，反映了时间序列中各尺度(周期)的波动分布特征。在小波功率谱图中，小波功率谱的极大值对应的时间尺度因子 a 即为时间序列的周期。

5.1.3 实验分析

将某校园网一个月的网络流量测试数据作为实验分析数据，从中提取的冗余流量数据按时间顺序组成一组时间序列，并以这组实测的时间序列作为研究对象，采用四种方法进行冗余流量的周期性分析。

1. 傅里叶分析法

采用基于 FFT 的频谱方法得到如图 5-1 所示的 FFT 功率谱曲线和表 5-1 所示的主要频率和周期。功率谱密度反映了信号在频率轴上的分布情况。各周期对应的频率处，谱幅度明显凸起，振幅越大，峰值越高。冗余流量时间序列的频谱分析可以通过估计时间序列的功率谱来找到序列的主要周期。

图 5-1(a)中峰谱值按从小到大的顺序对应的频率值依次为 0.142Hz、0.286Hz、0.435Hz，对应周期为 7 天、3.5 天、2.3 天。图 5-1(b)中第一个峰谱值较小，可以忽略不计；第二个峰谱值对应周期为 3.5 天，不符合周期为整数的要求。周期为 7 天时对应的峰谱值最大，可以认为该序列的主周期为 7 天。

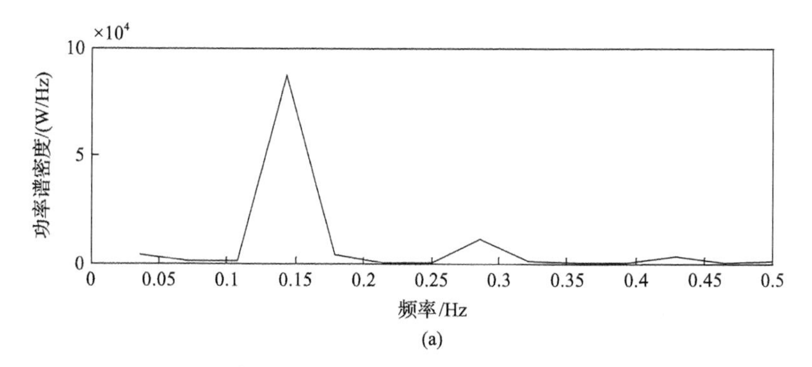

(a)

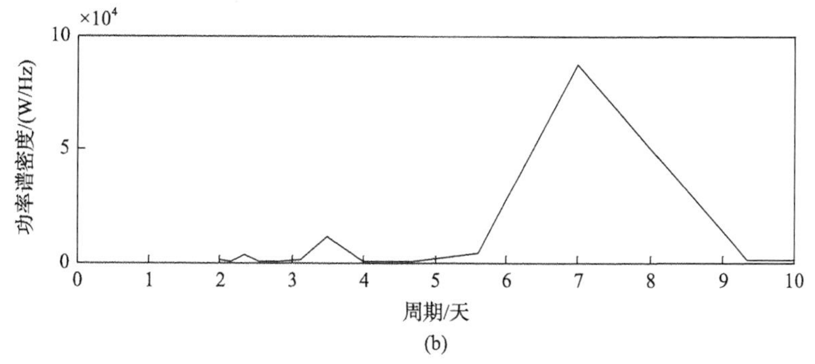

(b)

图 5-1　FFT 功率谱曲线

表 5-1　傅里叶分析法求得的主要频率和周期

周期序号	频率/Hz	周期/天	周期/周
1	0.142	7	1
2	0.286	3.5	—
3	0.435	2.3	—

2. 最大熵谱分析法

最大熵谱分析中，分别使用 FPE、AIC、MDL、CAT 准则预测序列的最佳截止阶 k_0。计算得到 FPE、AIC、MDL 准则预测的阶次为 8，而 CAT 准则预测的阶次为 1，也就是阶次为 1 或 8 时使得相应的目标函数值最小。以上四种准则预测中，前三种准则得到了相同的结果，说明 FPE、AIC、MDL 准则能准确地对最佳截止阶进行预测，且该序列的最佳截止阶 $k_0 = 8$。由于 CAT 准则对较长序列预测结果精度较高，但当序列较短时，其预测过程会受到较大影响，导致出现预测偏差或预测不准的现象，因此本节实验数据不适合用 CAT 准则来预测。

按照式(5-10)计算出不同频率下的最大熵谱 I_f，得到该序列的最大熵方法(maximum entropy method，MEM)功率谱(图 5-2)及主要频率和周期表(表 5-2)。由图 5-2(b)中的功率谱变化曲线可知，峰谱值取极大值时对应的周期为 7 天，还存在尺度为 3.4 和 2.3 的两个隐含周期，但这两个周期不符合整数周期的要求，所以需要舍去。与傅里叶分析法相比，最大熵谱分析法得到的功率谱图中，谱峰值多了频率 $f = 0$ 的情况，但此频率下并无隐含周期，所以该序列的主周期仍是 7 天。

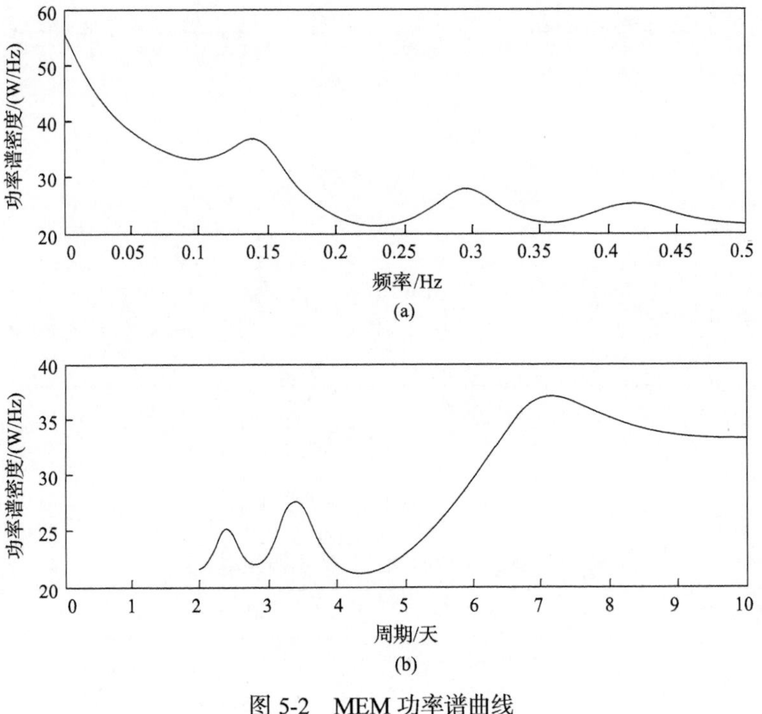

图 5-2　MEM 功率谱曲线

表 5-2　最大熵谱分析法求得的主要频率和周期

周期序号	频率/Hz	周期/天	周期/周
1	0	—	—
2	0.141	7	1
3	0.294	3.4	—
4	0.417	2.3	—

3. 功率谱分析法

取最大落后时刻 $m=8$ 对序列进行功率谱估计，从图 5-3 中可见，在 $l=8$、16、24 处，功率谱 S_l 的值相对较大，说明这三个谐波对应的周期显著，其中 $l=8$ 对应的周期最显著。由式(5-25)可计算出对应的周期 $T_8=7$，$T_{16}=3.5$，$T_{24}=2.3$。三个周期中，$T_{16}=3.5$ 和 $T_{24}=2.3$ 不满足整数周期的要求，需要舍去。所以通过功率谱分析法计算的周期也为 7 天，功率谱分析法求得的主要频率和周期如表 5-3 所示。

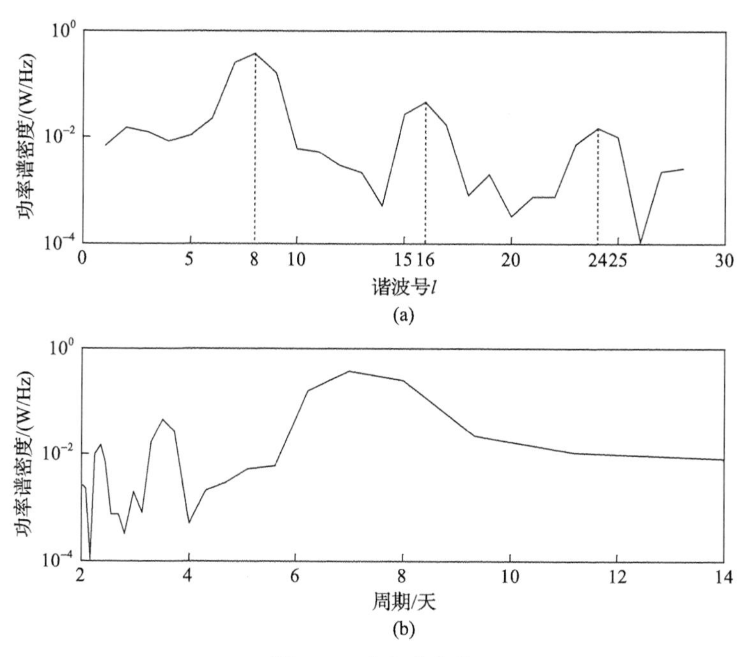

图 5-3　功率谱曲线

表 5-3　功率谱分析法求得的主要频率和周期

周期序号	谐波号	周期/天	周期/周
1	8	7	1
2	16	3.5	—
3	24	2.3	—

4. 小波分析法

选用 Morlet 小波进行小波变换来分析冗余流量时间序列的周期。在进行小波变换之前,对序列进行标准化和周期延拓处理。调用 Morlet 小波 $\psi(t)=\mathrm{e}^{\mathrm{i}\omega_0 t}\mathrm{e}^{-t^2/2}$ 代入式(5-26),对序列进行卷积运算从而实现连续小波变换。对于不同的 a 值,每计算一次都要调用 Morlet 小波进行卷积运算。从而计算出不同 a 、b 值对应的小波变换系数 $W_f(a,b)$。$W_f(a,b)$ 是一个复数,由实部和虚部两部分组成。对小波变换系数取模的平方,以求得小波频谱 $P(a)$,绘制出不同尺度 a 的小波功率谱图。由小波变换的理论分析可知,小波功率谱与序列 $x(t)$ 通过小波变换的能量大小成正比,能量越大,小波功率谱峰值越高。

小波功率谱如图 5-4 所示,第一个峰谱值对应的是小波功率谱的极大值,所以该时间序列存在 1 天的主周期。第二个峰谱值对应的周期为 7.8 天,可认为序列具有 7 天的准周期。第三个峰谱值缺少对应的周期值,故可舍去。

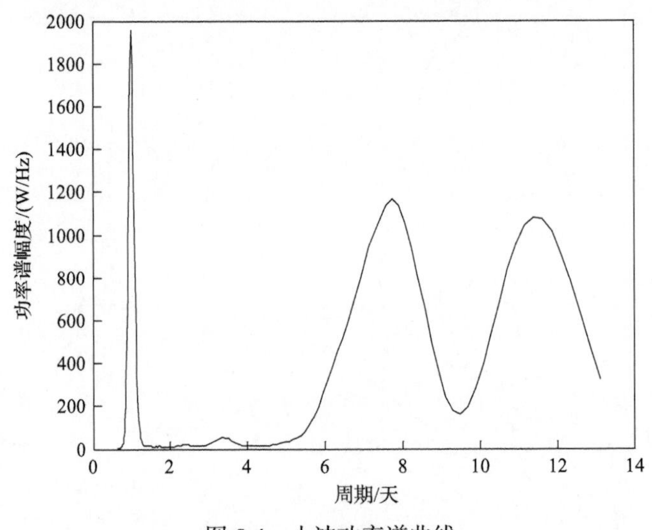

图 5-4 小波功率谱曲线

鉴于各种计算方法在原理上存在差异,且各自均存在一定程度的局限性,采用上述四种方法对同一样本进行周期分析的结果也存在差异。通过实测数据的研究发现,傅里叶分析法、最大熵谱分析法和功率谱分析法的分析结果比较接近,能够检测出相同的周期,不足之处是只能部分检测出时间序列的主周期。主要原因在于,傅里叶分析法中,傅里叶变换是建立在平稳信号的基础上,在处理非线性、非平稳序列时存在一定不足。最大熵谱分析法中,分析结果容易受到白噪声干扰和序列长度的影响,当序列较短时,序列中随机成分所占比重较大,功率谱计算结果的准确性较差。周期识别存在误差，表现在其功率谱图上可能出现谱峰偏移等现象。功率谱分析法中，功率谱估计需要对自相关函数进行粗谱估计和平滑处理，且判定条件比较严格，这些因素都可能影响周期的判别。

小波分析法识别时间序列主周期的能力较强，小波变换通过改变时间和频率的关系，在时域和频域都表现出良好的局部特征，而且小波变换能对具有瞬时性和奇异性的序列进行准确检测，所以小波分析法的效果最佳。

冗余流量表现出的周期性，表面上是用户规律性的网络行为习惯所导致，实际上是长程相关性和突变性(又称为奇异性)长期相互作用的结果。长程相关性使得冗余流量在较大的时间尺度范围内保持变化趋势的一致性，而突变性改变了冗余流量的走势，使之具有增加或减少的趋势。正是这两种趋势的交替作用，使得冗余流量表现出峰谷变化的特征。长程相关性和突变性是研究分形的两个重要特征。它们共同作用使信号在不同时间尺度上表现出周期性和自相似性，由此可见周期性和分形性是相关联的，为后面章节研究冗余流量的长程相关性和多重分形性奠定了基础。

5.2　长程相关性

自相似性是指在复杂系统中，局部与整体之间在结构和性质等方面表现出在某种程度上具有的一致性[13]。长程相关性反映了在不同时间尺度下网络流量表现出的突发性，也称为多尺度行为特性。在较大的时间尺度上，自相似性可以刻画流量的长程相关性。网络流量具有二阶渐近自相似性，对于二阶渐近自相似过程，限定 Hurst 指数的范围为 $0.5<H<1$，意味着自相似性即长程相关性。

5.2.1　度量方法

Hurst 指数是描述自相似性和长程相关性的重要参数，Hurst 指数通常记作 H[14]。Hurst 指数的取值范围为 $0<H<0.5$ 时，时间序列在各个时间尺度上是非持续的，网络流量表现出短程相关性，表现为流量增加或减少的趋势有所减弱；H 接近于 0.5 时，网络流量不相关，呈随机游走的趋势；当 $0.5<H<1$ 时，序列具有持续性，表现为流量增加或减少的趋势持续增强，即表明网络流量具有长程相关性，取值越大，随机性越小，趋势性越强，长程相关程度越明显。

Hurst 指数估计方法主要有 R/S 方法和方差时间图(variance-time plot, V-T)方法[15]。

1. *R/S* 方法

R/S 方法的基本思想来自 Mandelbrot 等[16]提出的分数布朗运动和 TH Taqqu-Heverdingsen 法则。*R/S* 方法通常用来分析时间序列的分形特征和长期记忆过程。

一个长度为 N 的时间序列 $X=\{X_i, i=1,2,\cdots,N\}$，其部分和为 $Y(N)=\sum_{i=1}^{N}X_i$，样本方差 $S^2(N)=\frac{1}{N}\sum_{i=1}^{N}X_i^2-\left(\frac{1}{N}\right)^2 Y(N)^2$。则 R/S 方法的统计量为

$$\frac{R}{S}(N)=\frac{1}{S(N)}\left[\max_{0\leqslant i\leqslant N}\left(Y(i)-\frac{i}{N}Y(N)\right)-\min_{0\leqslant i\leqslant N}\left(Y(i)-\frac{i}{N}Y(N)\right)\right] \tag{5-28}$$

当 $N\to\infty$ 时，自相似或长程相关过程满足：

$$E[R(N)/S(N)]\sim cN^H \tag{5-29}$$

其中，c 为过程的尺度因子或比例常数，反映了序列的幅度特性。

R/S 统计量机制可以描述为，将已知序列 X 分割为以 N 为大小的互不相交的块，在每块中求 $R(N)/S(N)$ 统计值，按大数定律以算术平均代替数学期望，得到 N 对应的 R/S 值，改变 N 求得所有的 R/S 值，最后对 R/S 值和 N 取对数进行线性拟合，其斜率就是 Hurst 指数。

2. V-T 方法

V-T 方法通过对时间序列进行方差分析，对于具有强渐近二阶自相似的时间序列 X，如果参数 β 与 Hurst 指数 H 之间满足关系 $\beta=2-2H$，那么可以得出，当 H 趋于 0.5 时，序列表示为随机游走；当 H>0.5 时，序列具有长程相关性；而当 H<0.5 时，则表明长程负相关性。自相似不一定是长程相关的，但二阶自相似与长程相关是等价的。通过计算 H 值，可以分析时间序列的长程相关性。

将时间序列 $X=\{X_i, i=1,2,\cdots,N\}$ 划分为大小为 m 的子块，其中 $m=1,2,\cdots$。每个子块的平均值 $X^{(m)}(k)=\frac{1}{m}\sum_{j=(k-1)m+1}^{km}X(i)$，$k$=1,2,$\cdots,(k-1)m+1$ 表示为第 k 个子块的起始位置牵引。

$X^{(m)}(k)$ 的方差为 $\operatorname{var}[X^{(m)}]$，当 $m\to\infty$ 时，有

$$\operatorname{var}[X^{(m)}]\approx am^{-\beta} \tag{5-30}$$

式(5-30)中 a 是与 m 无关的正数。对式(5-30)两边同时取对数可得

$$\log(\operatorname{var}[X^{(m)}])\sim-\beta\log m+\log a \tag{5-31}$$

当时间序列长度为 N 时，对于给定的 m，将时间序列 X 划分为 N/m 个长度为 m 的子序列 $X^{(m)}(k)$，k 代表子序列的序号。对每个子序列计算其聚合值：

$$X^{(m)}(k)=\frac{1}{m}\sum_{t=(k-1)m+1}^{km}X(t),\quad k=1,2,\cdots \tag{5-32}$$

对每个 m 重复上述过程并求得对应方差：

$$\text{var}\,[X^{(m)}]=\frac{1}{N/m}\sum_{k=1}^{N/m}(X^{(m)}(k))^2-\left(\frac{1}{N/m}\sum_{k=1}^{N/m}X^{(m)}(k)\right)^2 \tag{5-33}$$

通过拟合时间方差曲线来估计 β 值，当 $m\to\infty$ 时，求得参数 $H=1-\beta/2$。具体步骤如下：

(1) 由 X 得到新的序列 $X(m)$ 并求其平均值 $X^{(m)}$，$m>2$；

(2) 计算 $X^{(m)}$ 的方差 $\text{var}[X^{(m)}]$；

(3) 取对数求得 $\log(\text{var}[X^{(m)}])/\log m$；

(4) 分别以 $\log m$ 和 $\log(\text{var}[X^{(m)}])$ 作为横坐标和纵坐标，对曲线用最小二乘法进行拟合，得到拟合直线的斜率为 $-\beta$，从而求得 $H=1-\beta/2$。

5.2.2　实验分析

分别选取不同时段的网络流量数据，采用 *R*/*S* 方法和 V-T 方法来分析冗余流量在空闲时和拥塞时的统计特性。

图 5-5～图 5-7 分别为空闲时和不同拥塞时段冗余流量在时间尺度 1μs 下的 *R*/*S* 图。可以看出时间序列的 $\log(R/S)_n$-$\log n$ 关系图在双对数坐标下具有较好的线性特征，表现为一条斜率为 H 值的直线。由最小二乘法拟合得到对应的 H 值分别为 0.6600、0.7030 和 0.7429。用 V-T 方法求得对应序列的 H 值分别为 0.6217、0.6687 和 0.7046。所有序列的 H 值大于 0.5 但小于 0.75，表明序列在小时间尺度

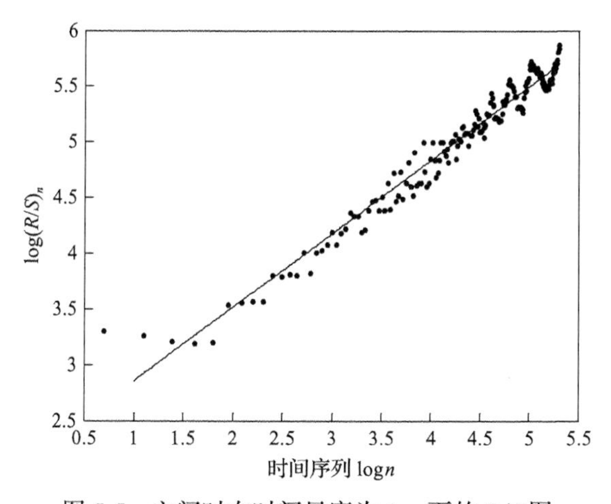

图 5-5　空闲时在时间尺度为 1μs 下的 *R*/*S* 图

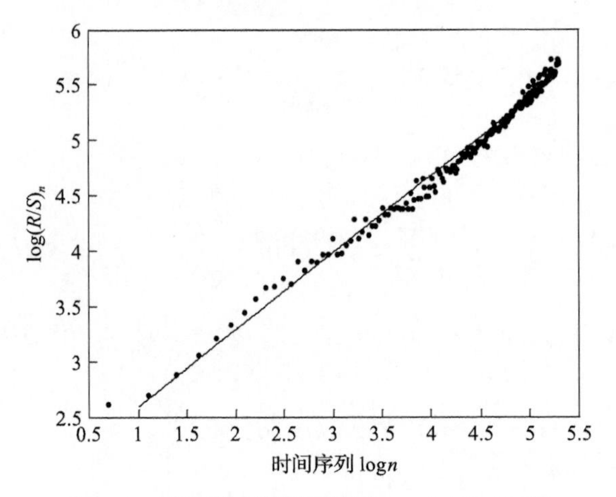

图 5-6　拥塞时在时间尺度为 1μs 下的 R/S 图

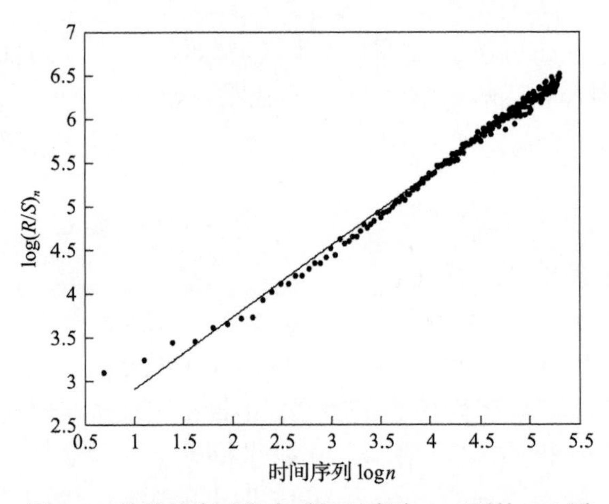

图 5-7　其他拥塞时段在时间尺度为 1μs 下的 R/S 图

下，冗余流量的变化趋势是由随机性和趋势性共同作用的，整体趋势是增强的，但趋势强度不高，随机性较大。

为了进一步说明长程相关性的表现特征，选取时间尺度为 1s 再进行 Hurst 指数分析。图 5-8 和图 5-9 分别为同一拥塞时段、时间尺度为 1s 下的 R/S 图和 V-T 图。两种方法求得的 H 值分别为 0.7938、0.8546、0.8729 和 0.7886、0.8430、0.8650，拟合计算出的 H 值信度较好，即对于该指数的估计具有较高的可信度或可靠性。序列的 H 值大于 0.75 但小于 0.9，表明在较大的时间尺度下，冗余流量受趋势性作用较大，随机性作用较小，整体趋势是持续增强的，具有持久性，表现出长程相关性。

表 5-4 为不同时间段，不同尺度下 R/S 方法和 V-T 方法求得的 H 值。其中序列 1 表示空闲时段采样的冗余流量时间序列，序列 2 和序列 3 表示拥塞时段采样的冗余流量时间序列，且序列 3 的拥塞程度大于序列 2。由表 5-4 中数据可看出，

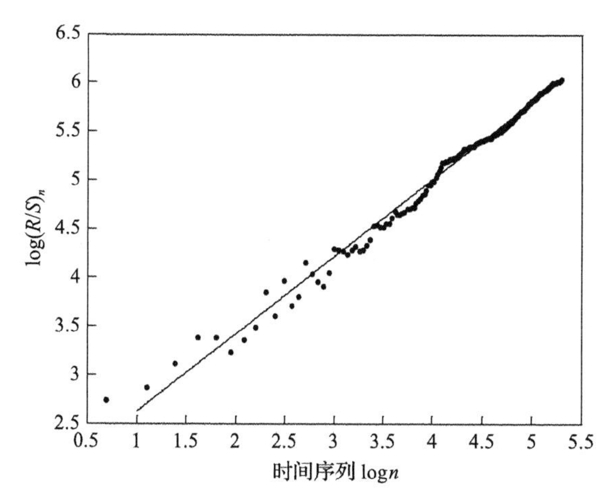

图 5-8　拥塞时在时间尺度为 1s 下的 *R/S* 图

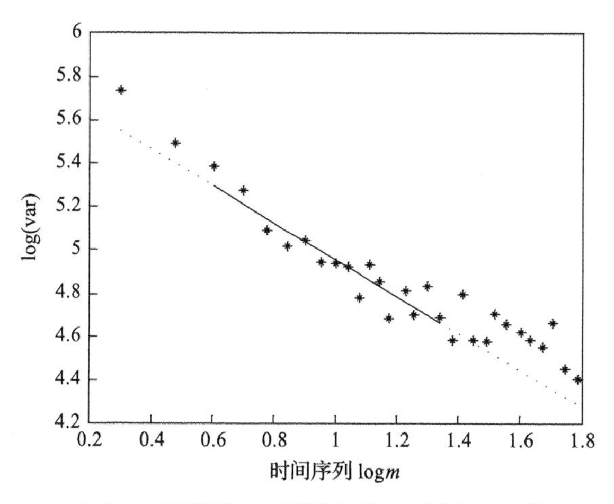

图 5-9　拥塞时在时间尺度为 1s 下的 V-T 图

表 5-4　*H* 值序列

序列	时间尺度 1μs		时间尺度 1s	
	R/S 方法	V-T 方法	*R/S* 方法	V-T 方法
1	0.6600	0.6217	0.7938	0.7886
2	0.7030	0.6687	0.8546	0.8430
3	0.7429	0.7046	0.8729	0.8650

R/S 方法和 V-T 方法求得的 *H* 值有差异但大致相同，说明两种方法都能有效地进行 *H* 值估计。在不同尺度下，所有 *H* 值都在(0.5,1)内，证明了冗余流量具有长程相关性特征，也表明了冗余流量时间序列具有一定的分形特征。对于不同尺度下的时间序列，随着尺度增加，*H* 值逐渐增大，长程相关性程度越明显，进一步说

明冗余流量时间序列在大时间尺度下有比较显著的长程相关性。对于同一尺度下的时间序列，从空闲状态到拥塞状态的 H 值呈现递增趋势，而且拥塞程度越大，H 值越大。说明在相同时间尺度下，H 值能反映网络系统的当前状态，H 值越大，网络冗余流量越多，从而网络拥塞程度越大。

5.3 多重分形性

多重分形[17]通过奇异谱函数 $f(\alpha)$ 描述小尺度时间序列在演化过程中表现出的分布情况，以及对分形结构不规则和不均匀程度的度量。对网络流量进行多重分形的研究，可以预测网络流量的变化趋势，有助于了解冗余流量的动力学变化规律。

网络流量的分形性分为单分形和多重分形[18]，单分形用 Hurst 指数度量网络流量在不同时间尺度下具有的长程相关性，多重分形用奇异谱函数 $f(\alpha)$ 描述不同时间尺度下奇异指数 α 的概率和范围。

5.3.1 基于统计矩的多重分形分析法

时间序列 $\{x(t), t \in [1, T]\}$ 傅里叶变换的模的平方称为该序列的幂谱，记作

$$E(\omega) = \frac{1}{T} \left\| \sum_{t=1}^{T} x(t) \mathrm{e}^{-\mathrm{i}t\omega} \right\|^2 \tag{5-34}$$

幂谱曲线中符合幂律分布特性 $E(\omega) = \omega^{-\beta}$（其中 $\omega = 1/T$ 表示频率，β 称为幂谱指数）的频率区间及其对应的时间区间称为无尺度范围，无尺度范围是研究分形关系的尺度范围。

$I_i(\lambda)$ 是时间尺度为 λ 时，第 i 个区间序列的总和。则第 i 个区间的序列归一化密度为

$$P_i(\lambda) = I_i(\lambda) / \sum I_i(\lambda) \tag{5-35}$$

其中，$\sum P_i(\lambda) = 1$；$\sum I_i(\lambda)$ 为全部序列的总和。

令 α_i 为第 i 个区间所对应的 $P_i(\lambda)$ 的奇异指数。如果序列具有多重分形性，则在无尺度范围满足幂律分布特性，即

$$P_i(\lambda) \propto \lambda^{\alpha_i} \tag{5-36}$$

α_i 与所在区域有关，它反映了该区域概率的大小。从物理含义上来说，奇异指数 α 表示某一点 x 上的突发程度，区间 $[x, x + \Delta x]$ 内所有时间突发的个数近似为 $(\Delta x)^{\alpha}$。因此，$\alpha < 1$，表示在 x 周围区间的所有尺度内都有突发性。而 $\alpha > 1$

表示随着区间的缩小，时间变得稀疏。有关奇异指数的信息都包含在奇异谱函数中。如果一个过程的奇异谱函数 $\alpha<1$ 的区间比较大，那么该区间就包含较大的多分形成分。

令具有相同 α 值的子集数为 $N_\alpha(\lambda)$，则有

$$N_\alpha(\lambda)\propto\lambda^{-f(\alpha)},\quad \lambda\to 0 \tag{5-37}$$

定义配分函数 $\chi_q(\lambda)$ 为 $P_i(\lambda)$ 的 q 阶矩。通常用配分函数(即统计矩)来判断时间序列在尺度范围是否满足分形性：

$$\chi_q(\lambda)=\sum_{i=1}^{N}P_i^q(\lambda)\sim\lambda^{\tau(q)},\quad -\infty<q<+\infty \tag{5-38}$$

如果关系图 $\log\chi_q(\lambda)$-$\log\lambda$ 呈线性关系，则分形关系成立。

式(5-38)中，$\tau(q)$ 称为尺度指数：

$$\tau(q)=\lim_{\lambda\to\infty}\frac{\log\chi_q(\lambda)}{\log(1/\lambda)},\quad \lambda\to 0 \tag{5-39}$$

如果 $\tau(q)$ 与 q 之间存在非线性关系，其具体表现为一条上凸的曲线，则说明此时间序列具有多重分形性；如果 $\tau(q)$ 是 q 的线性函数，则说明时间序列是单分形的。

用奇异谱函数 $f(\alpha)$ 来刻画时间序列的多重分形性，$f(\alpha)$ 表示由不同奇异指数 α 组成的序列中相同数值 α 出现的概率。$f(\alpha)$ 对 $\tau(q)$ 进行 Legendre 变化可得

$$\alpha(q)=\frac{\mathrm{d}\tau(q)}{\mathrm{d}q} \tag{5-40}$$

$$f(\alpha(q))=q\alpha(q)-\tau(q) \tag{5-41}$$

如果 $f(\alpha)$ 为一个定值，此时间序列是单分形；如果 $f(\alpha)$ 为一条单峰曲线，时间序列为多重分形。

另外，时间序列的多重分形程度可以用以下三个参数来描述。

(1)奇异谱的极大值：

$$f_{\max}=f(\alpha_0),\quad \alpha_0\in[\alpha_{\min},\alpha_{\max}] \tag{5-42}$$

(2)谱的宽度：

$$W=\alpha_{\max}-\alpha_{\min} \tag{5-43}$$

W 反映了冗余流量变化的不均匀程度。W 越宽，冗余流量时间序列的多重分形性越强。

(3) 奇异谱的离差：

$$\Delta f = f(\alpha_{\min}) - f(\alpha_{\max}) \tag{5-44}$$

Δf 用来度量时间序列在分形结构上的不均匀复杂程度，反映的是冗余流量处于峰值和谷值数目的比例，$\Delta f > 0$ 说明冗余流量更多处于峰值，$\Delta f < 0$ 则较多处于谷值。

5.3.2 实验分析

图 5-10 为拥塞时冗余流量时间序列在双对数坐标下幂谱与频率的关系，在时间区间[1, 100]内，幂谱曲线符合幂律分布特性，该时间区间即尺度范围。因此，划分尺度范围是 $(10:10:100)$，即以 10 为步长从 10 取到 100，对应的划分尺度 $\lambda = (10:10:100)/3000$。

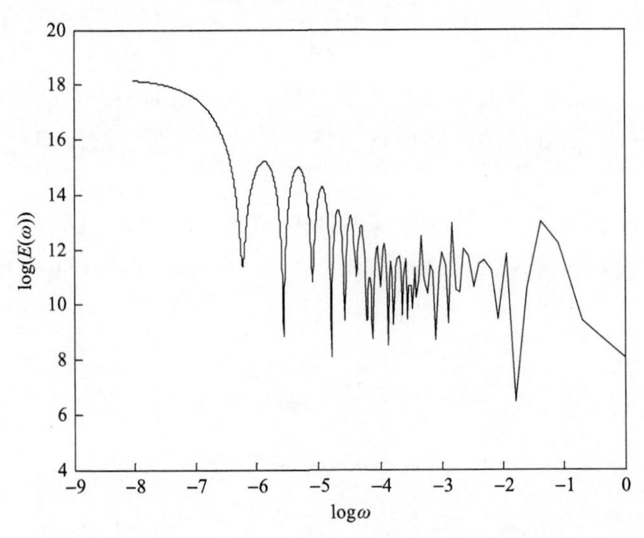

图 5-10 频率 ω 与幂谱 $E(\omega)$ 在双对数坐标下的关系

当运用配分函数判定冗余流量时间序列是否具有多重分形性时，选取 $q = [-20, 20]$。则第 i 个区间的冗余流量的归一化密度为

$$P_i(\lambda) = I_i(\lambda) / \sum I_i(\lambda)$$

计算出冗余流量时间序列的配分函数：

$$\chi_q(\lambda)=\sum_{i=1}^{N}P_i(\lambda)^q$$

绘制 $\chi_q(\lambda)$ 与 λ 在双对数坐标下的曲线，如图 5-11 所示。图中曲线从上到下依次代表阶数 $q=-20$、-15、-10、-5、0、5、10、15、20 时的配分函数 $\chi_q(\lambda)$ 与划分尺度 λ 的双对数坐标图。可以看出当 $q<0$ 时，在尺度范围内，$\log(\chi_q(\lambda))$ 与 $\log\lambda$ 之间呈现出较好的线性关系；当 $q>0$ 时，这种线性关系表现得更加出色。说明在相应的尺度范围内，时间序列具有无尺度特性，即拥塞时的冗余流量时间序列具有分形特性。

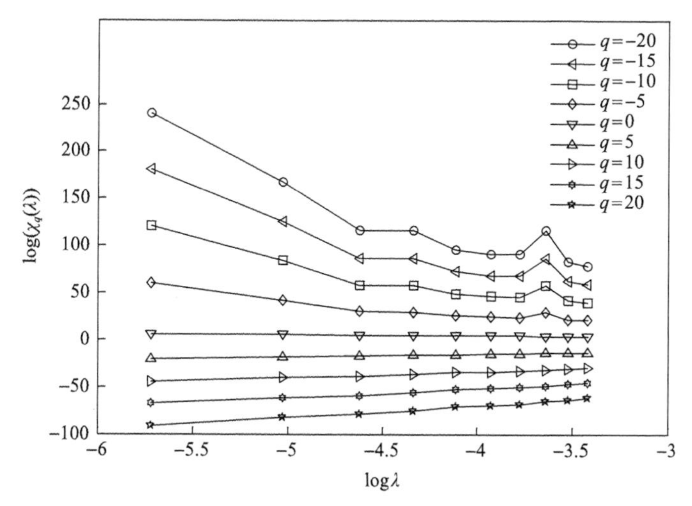

图 5-11　划分尺度 λ 与配分函数 $\chi_q(\lambda)$ 在双对数坐标下的关系

由于尺度指数 $\tau(q)$ 表示 $\log(\chi_q(\lambda))$-$\log\lambda$ 曲线的斜率，采用最小二乘法拟合图 5-11 中不同 q 值对应的曲线斜率来估计相应的 $\tau(q)$ 值。例如，图 5-11 中最下方的星形曲线表示 $q=20$ 时，配分函数 $\chi_q(\lambda)$ 与划分尺度 λ 的双对数坐标图，拟合得到曲线斜率为 11，即 $\tau(20)=11$，由此对应求得图 5-12 中的点 (20, 11)，以此类推，求得 $q=[-20,20]$ 时对应的 $\tau(q)$ 值，得到所有点的集合 $\{(q,\tau(q))\}$，并绘制出冗余流量时间序列尺度指数 $\tau(q)$ 与阶数 q 的关系曲线。

由尺度指数与阶数的关系图可以看出 $\tau(q)$ 是一条上凸的曲线，即 $\tau(q)$ 与 q 之间存在非线性关系，进一步说明了拥塞时冗余流量时间序列具有多重分形的特性，如图 5-12 所示。

图 5-13 显示 α 为 q 的非线性减函数，随着 q 值增加，α 值减小，即当 q 取值最大时，α 取得最小值 $\alpha_{\min}$，由式 (5-36) 可知，此时对应的 P_i 取得最大值，$\chi_q(\lambda)$ 刻画的是冗余流量具有上涨趋势的尺度行为，所以 $f(\alpha_{\min})$ 表示冗余流量处于峰值

时的次数；反之，q 取值最小时，α 取得最大值 $\alpha_{\max}$，$\chi_q(\lambda)$ 刻画的是冗余流量具有下降趋势的尺度行为，所以 $f(\alpha_{\max})$ 表示冗余流量处于峰值时的次数。

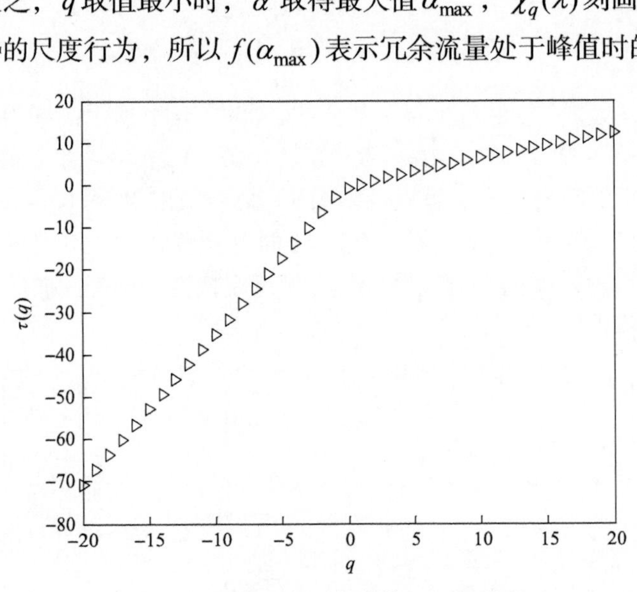

图 5-12　阶数 q 与尺度指数 $\tau(q)$ 的关系

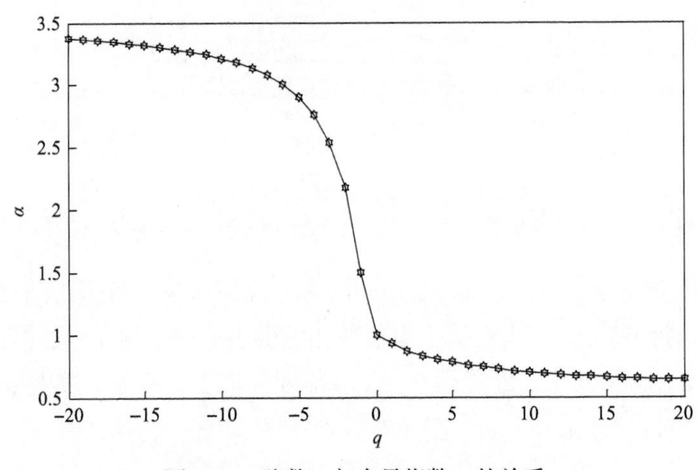

图 5-13　阶数 q 与奇异指数 α 的关系

图 5-14 表示奇异谱函数 $f(\alpha)$ 与 α 的关系图，当 $\alpha \in [0.5,1]$ 时，$f(\alpha)$ 取值有一个变化趋势，说明冗余流量具有单分形特性；由拟合曲线可看出奇异谱曲线为一单峰曲线，在 $\alpha = 1.5$ 处，$f(\alpha)$ 取得最大值 0.9942，谱宽度 $W = 3.0180$，表明时间序列具有较强的多重分形性。

$\Delta f = 0.0805 > 0$ 即 $f(\alpha_{\min}) > f(\alpha_{\max})$，说明在冗余流量的变化过程中，处于峰值的次数多于处于谷值的次数，此时处于峰值的冗余流量占主导地位。以奇异

谱的极大值点 α_0 为中心轴，将曲线 $f(\alpha)$ 分为两部分，$\alpha > \alpha_0$ 所占区域明显大于 $\alpha < \alpha_0$ 所占区域，说明该时间段冗余流量有增加的趋势。

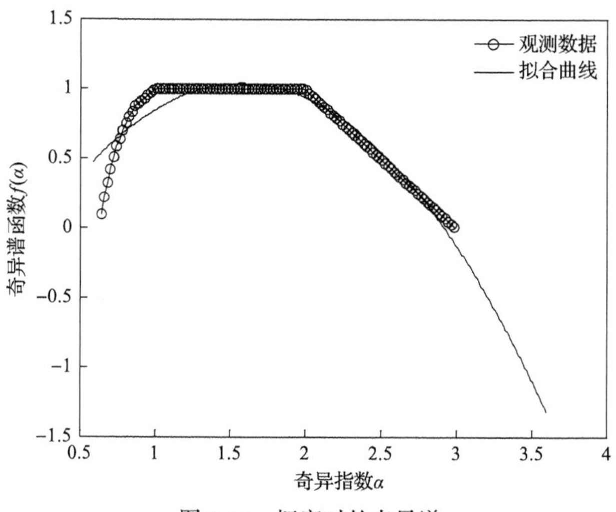

图 5-14　拥塞时的奇异谱

用同样的方法可以得出，凌晨空闲时和深夜拥塞状态恢复到空闲状态时的冗余流量都具有多重分形性。图 5-15 和图 5-16 分别表示两个时间段的奇异谱函数 $f(\alpha)$ 与 α 的关系图。其中，在图 5-15 中，$\Delta f = 0.0032 > 0$，极大值点 $\alpha_0 = 1.1$ 的右边部分大于左边部分，说明凌晨空闲时网络中的冗余流量有增加的趋势；图 5-16 中，$\Delta f = -0.0112 < 0$，极大值点 $\alpha_0 = 1.2$ 的左边部分大于右边部分，说明深夜拥塞状态恢复到空闲状态时的冗余流量有减少的趋势。

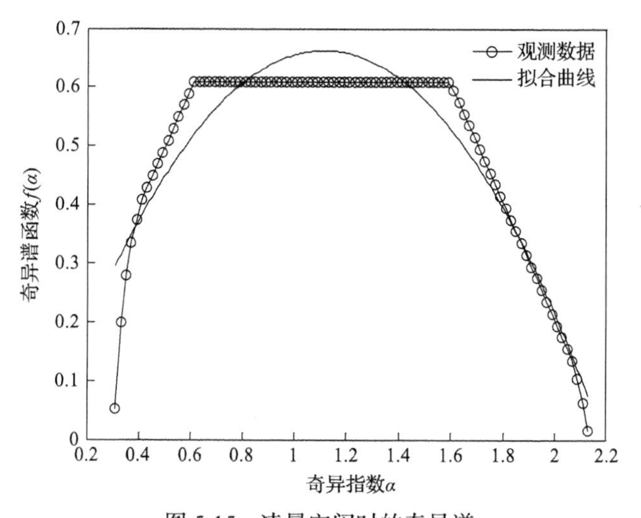

图 5-15　凌晨空闲时的奇异谱

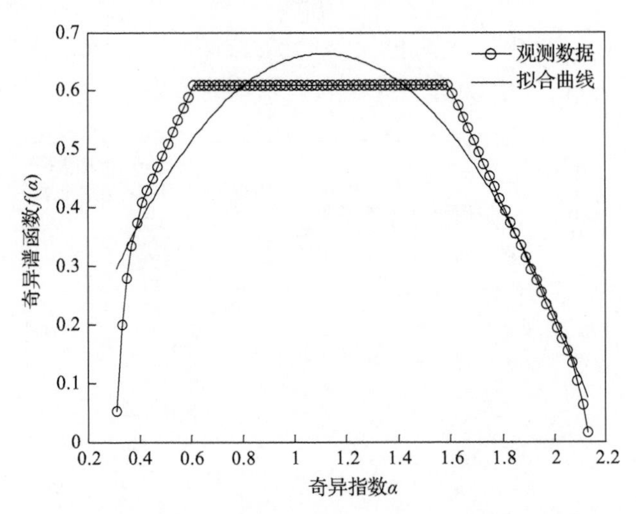

图 5-16　深夜拥塞状态恢复到空闲状态时的奇异谱

综上所述，冗余流量时间序列在小时间尺度上同时具有单分形和多重分形的统计特性。网络由非拥塞状态向拥塞状态的转变过程中，$f(\alpha)$-α 曲线的开口跨度逐渐变宽，f_{max} 取值变大，奇异谱的离差 Δf 有所增大，奇异谱的不对称程度明显增强，预示着网络中的冗余流量具有上涨的趋势；在网络由拥塞状态向空闲状态转变的过程中，$f(\alpha)$-α 曲线的开口跨度慢慢变窄，f_{max} 取值减小，奇异谱的离差 Δf 变小，奇异谱的不对称程度明显减弱，预示着网络中的冗余流量具有减少的趋势。通过分析时间序列的多重分形性，可对冗余流量的变化趋势及网络拥塞程度进行有效预测。

5.4　自组织临界性

自组织临界性是由 Bak 等[19]于 1987 年在 *Physical Review Letters* 上提出的，它是关于复杂动力学系统的时空演化特性概念。自组织临界性指的是远离平衡态的复杂动力学系统经历了一个漫长的自组织行为过程，从而演化到另一个临界状态，当达到临界状态时，一个微小的变化都会引起整个系统的巨大改变。自组织是指某种状态的形成不受外部因素干扰，主要通过系统内部组元之间的相互作用产生；临界性是指当系统处于某个特殊状态时，微小的局部变化导致系统改变的表现特征。

自组织临界性系统一般具有以下几个表现特征：相变、$1/f$ 噪声、分形结构、长程相关性。其中，$1/f$ 噪声由频率 f 与功率谱 P 的关系定义[20]。

$$P(f) \propto f^{-\beta} \tag{5-45}$$

当功率谱指数满足$0<\beta<2$时，时间序列均可笼统地视为$1/f$噪声。

5.4.1　功率谱分析方法

本节采用周期图法（又称直接法）对时间序列$x(n)$进行功率谱估计[21]。将序列$x(n)$的N个数据$x_N(n)$视为有限序列，对$x_N(n)$进行 FFT，得到$X_N(k)$。时间序列$x(n)$的功率谱估计$\hat{P}$可表示为$X_N(k)$幅值的平方除以数据长度N，即

$$\hat{P}=\frac{1}{N}\left|X_N(k)\right|^2 \tag{5-46}$$

式（5-46）即为周期图法所求得的功率谱密度。这种方法计算比较简单，但是不容忽视的问题是：周期图的功率谱估计值方差很大，并不是功率谱的一致估计，并且容易出现旁瓣。

周期图法的方差特性较差，不能寄希望于直接用周期图法获得良好的谱密度估计，必须采用适当的修正措施以减小方差，才能使之成为一种实用的方法。目前，国内外学者就周期图法存在的种种弊端，提出了大量改进办法，其中最具代表性的是 Scargle[22]提出的 Lomb-Scargle 周期图法。Lomb-Scargle 周期图法由 Lomb 在 Barning 和 Vanicek 的工作基础上发展起来[23]，并由 Scargle 进一步完善。假设一个观测样本为$x_j(j=1,2,\cdots,N)$，对应的观测时间为$t_j(j=1,2,\cdots,N)$，则有

$$P_x(\omega)=\frac{1}{2}\left\{\frac{\left[\sum_j x_j\cos(\omega(t_j-\tau))\right]^2}{\sum_j\cos^2(\omega(t_j-\tau))}+\frac{\left[\sum_j x_j\sin(\omega(t_j-\tau))\right]^2}{\sum_j\sin^2(\omega(t_j-\tau))}\right\} \tag{5-47}$$

其中，τ为相移因子，按如下公式计算：

$$\tan\left(2\omega\tau\right)=\frac{\sum_j\sin(2\omega t_j)}{\sum_j\cos(2\omega t_j)} \tag{5-48}$$

5.4.2　实验分析

网络存在拥塞和非拥塞两种状态，本节以微秒为尺度单位，对拥塞和非拥塞两种状态下的网络流量进行筛选和分析，本节以冗余流量的小尺度时间序列为研究对象分析网络的自组织临界性。

对网络在非拥塞状态时的冗余流量时间序列进行功率谱分析的结果如图 5-17 所示（图中实线表示在线性坐标下的功率谱曲线，虚线表示在当前双对数坐标下的功

率谱曲线)。在非拥塞状态下，功率谱曲线在双对数坐标下呈现出平稳的变化趋势，而且具有很弱的幂律分布特性(幂指数接近于 0)。在统计学中，符合幂律分布特性的数据在双对数坐标下呈现一条斜率大于 90°的直线，该斜率称为幂指数。例如，在度分布函数中，幂指数为负数时，直线的倾斜度大于 90°，这种表现形式通常被认为数据符合幂律分布的统计特性。对网络在拥塞状态时的冗余流量时间序列进行功率谱分析的结果如图 5-18 所示(图中实线表示在线性坐标下的功率谱曲线，虚线表示在当前双对数坐标下的功率谱曲线)。在拥塞状态下，功率谱曲线在双对数坐标下表现出明显的幂律分布特性，说明功率谱曲线表现出幂律分布特性，符合 $1/f$ 噪声特性。

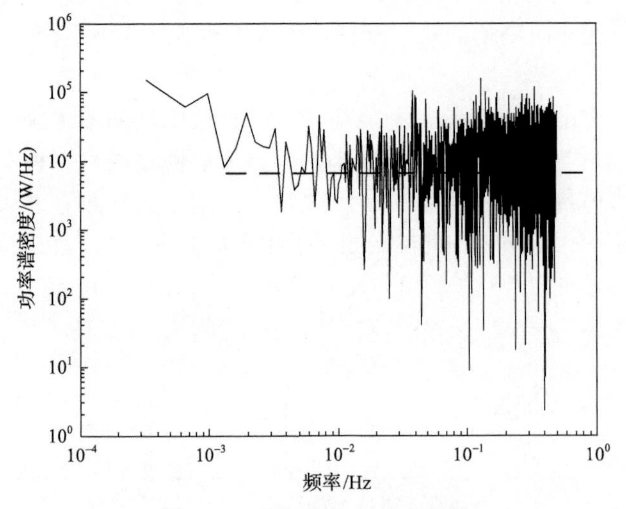

图 5-17　非拥塞状态时功率谱

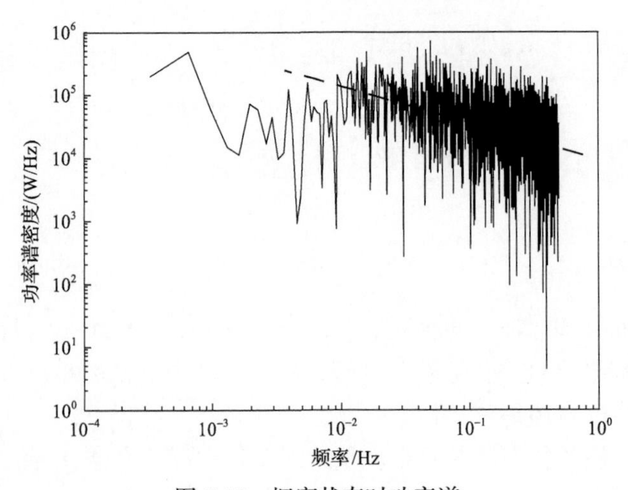

图 5-18　拥塞状态时功率谱

另外，通过图 5-19(图中两条虚线表示不同拥塞程度的功率谱曲线，在双对数坐标下绘制出的线性曲线，取对数后呈现出线性关系)对网络不同拥塞程度的功率谱的研究表明，功率谱曲线具有相似的形状，且都呈现出幂律分布特性。而且拥塞程度逐渐加大，两条功率谱曲线会随着频率的增加逐渐汇合在一起，功率谱的幂指数 β 从 0.71 增大到 0.83。但幂指数不会无限增加，当网络处于完全拥塞状态时，网络冗余信息最大，功率谱曲线的幂指数会收敛于一个具体的值，由图形的变化趋势可看出幂指数渐渐收敛于 1，说明含冗余流量的网络流量负载变化的功率谱符合$1/f$噪声特性。

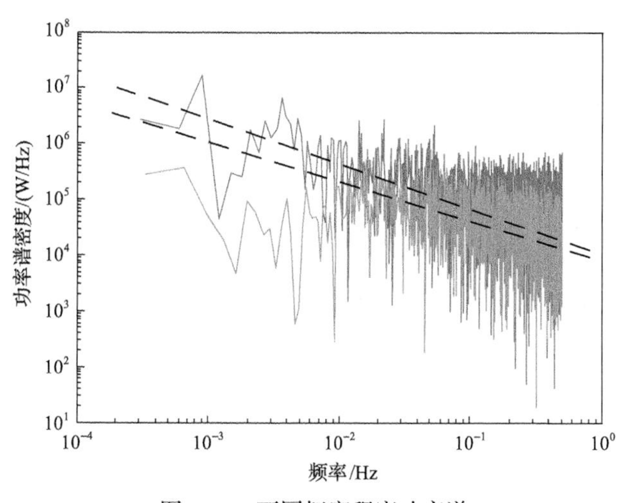

图 5-19　不同拥塞程度功率谱

研究发现，网络从非拥塞状态向拥塞状态转化的过程中，功率谱曲线呈现出幂律分布特性，而幂指数的变化则暗示了在这个临界状态，网络会经历一次相变过程。系统处于临界状态时，冗余流量的动力学特性彼此之间相互关联。已有研究表明，幂律分布是系统处于自组织临界态的一个标志。自组织临界现象的发现，揭示了网络由服从指数分布的随机网络向服从幂律分布的无尺度网络迁移的原因。自组织临界性是多种冗余流量特性共同作用的结果，说明冗余流量的特性对网络动力学模型的迁移产生了重要的影响。

参 考 文 献

[1] 姜明，吴春明，张旻，等. 网络流量预测中的时间序列模型比较研究. 电子学报，2009, 37(11): 2353-2358.

[2] 张涛，李倩倩，罗理机. 基于多传感器融合的通信网络异常流量监测方法. 信息技术与信息化, 2024, (2): 176-179.

[3] Hui X U, Min C, Ying M A. Combined prediction model for nonlinear network flow based on big data analysis. Journal of Shenyang University of Technology, 2020, 42(6): 670-675.

[4] Groschwitz N K, Polyzos G. A time series model of long-term NSFNET backbone traffic[C]// Proceedings of ICC/SUPERCOMM'94 - 1994 International Conference on Communications, New Orleans, 1994: 1400-1404.

[5] 胡洁, 杨勤科, 郭兰勤. 基于快速傅立叶变换(FFT)的地形剖面线的数学表达研究. 长江科学院院报, 2012, 29(5): 62-66.

[6] Tachizaki T, Baumberg J J, Matsuda O, et al. Spectral analysis of amplitude and phase echoes in picosecond ultrasonics for strain pulse shape determination. Photoacoustics, 2023, 34: 100566.

[7] 霍俊爽, 张若东, 郇志艳, 等. 基于 Eviews 与 GS Copula 的金融市场相依性研究. 吉林大学学报(信息科学版), 2015, 33(6): 690-693.

[8] 杨康, 沈术伦, 杨瑛. 对通用最大熵谱分析算法程序的改进. 沈阳工业学院学报, 1993, 12(1): 61-68.

[9] 罗丰, 段沛沛, 吴顺君. 基于 Burg 算法的短序列谱估计研究. 西安电子科技大学学报(自然科学版), 2005, 32(5): 724-728.

[10] 范一飞, 罗丰, 李明, 等. 海杂波 AR 谱多重分形特性及微弱目标检测方法. 电子与信息学报, 2016, 38(2): 455-463.

[11] 王文益, 伊雪. 基于改进语音存在概率的自适应噪声跟踪算法. 信号处理, 2020, 36(1): 32-41.

[12] Long H D, Cao Y F. A wavelet analysis of the relationship between carbon emissions rights and crude oil prices in China. Resources Policy, 2024, 91: 104712.

[13] 李玉强, 李欢, 刘春. 基于空间相关性与特征级插值改进的快速图像翻译模型. 计算机科学, 2023, 50(12): 156-165.

[14] 孙晓霞, 王冰. 基于银行间同业拆放利率的长记忆随机利率模型研究. 统计研究, 2024, 41(2): 149-160.

[15] 张亦弛, 朱晓强, 张弦. 基于 5G 心跳包的时延统计特性与相似度分析. 工业控制计算机, 2022, 35(4): 56-58, 60.

[16] Mandelbrot B B. The Fractal Geometry of Nature. New York: W. H. Freeman and Company, 1982.

[17] Meng K X, Yang S J, Cattani P, et al. Multifractal characterization and recognition of animal behavior based on deep wavelet transform. Pattern Recognition Letters, 2024, 180: 90-98.

[18] Areström E, Carlsson N. Early online classification of encrypted traffic streams using multi-fractal features//IEEE INFOCOM 2019-IEEE Conference on Computer Communications Workshops, Paris, 2019: 84-89.

[19] Bak P, Tang C, Wiesenfeld K. Self-organized criticality: An explanation of the 1/*f* noise.

Physical Review Letters, 1987, 59(4): 381-384.

[20] 郜峰利, 郭树旭, 张振国, 等. 1/f 类分形信号的最小二乘法参数估计. 电子与信息学报, 2009, 31(7): 1746-1748.

[21] 李仑升, 张浩, 骞恒源, 等. 基于MEMS传感器的振动测量电路设计. 山西电子技术, 2024, (1): 58-59, 79.

[22] Scargle J D. Studies in astronomical time series analysis. II-Statistical aspects of spectral analysis of unevenly spaced data. The Astrophysical Journal, 1982, 263: 835.

[23] Lomb N R. Least-squares frequency analysis of unequally spaced data. Astrophysics and Space Science,1976, 39(2): 447-462.

第 6 章　基于复杂网络的冗余流量演化模型

20 世纪 60 年代，匈牙利数学家 Erdos 等[1]提出了随机图论，标志着复杂网络研究进入首个重要发展阶段。20 世纪末，Watts 和 Strogatz 提出的小世界网络模型，以及 Barabási 等[2]提出的无尺度网络模型成为复杂网络研究的又一里程碑。现实世界中存在众多复杂网络，如航空网络、互联网、社会关系网络等。随着对冗余流量的深入研究，我们逐渐认识到使用复杂网络的理论和模型能够准确描述冗余流量的复杂特性。

6.1　复杂网络基本参数

在图论中，将具体事物及其之间的联系抽象为图。这些具体事物被称为节点或顶点，它们之间的相关关系用连边表示。一个网络由一系列节点以及它们之间的连边构成。复杂网络是包含大量元素和元素间相互作用关系的真实系统，系统中的元素被视为复杂网络的节点，它们间的相互作用关系被视为节点之间的连边。

通常通过图论的表达方式和符号来描述复杂网络。复杂网络作为一种特殊的数据表现形式，抽象地描述了复杂系统的结构形态，由节点和边构成[3]。从拓扑的角度出发，图作为一种工具，在研究复杂网络拓扑结构的性质时发挥着重要作用。通常，我们用图 $G=(V,E)$ 来表示一个具体的网络，其中 $V=\{v_1,v_2,\cdots,v_n\}$ 表示图 G 的节点集合，节点数 $N=|V|$，$E=\{(v_i,v_j)|v_i,v_j\in V\}$ 表示图 G 的边集合，边数 $L=|E|$。对于任意两个相连的节点 v_i 和 v_j，如果它们之间的连边 (v_i,v_j) 与 (v_j,v_i) 对应的是同一条边，则称该网络为无向网络，否则称为有向网络。如果边集合里的元素只有 0 或 1，称该网络为无权网络；如果给每条边都赋予相应的权值，则称为加权网络。此外，一个网络中的节点可以有一种或者多种类型，其中只包含一类节点的网络称为单顶点网络[4]。

单顶点网络是一种特殊的计算机网络拓扑结构。在单顶点网络中，所有的计算机节点直接连接到一个中央节点，中央节点充当了网络的核心，并作为服务器、路由器或交换机等网络设备。

在单顶点网络中，所有的通信都需要通过中央节点进行转发。当一个节点需要与另一个节点进行通信时，数据从源节点传输到中央节点，然后再由中央节点转发到目标节点。这种结构简化了网络的管理和配置，因为所有节点都直接连接到中央节点，不需要复杂的路由表或拓扑结构。

单顶点网络通常用一个对角线上元素全为 0 的 $N \times N$ 邻接矩阵 $A = \{a_{ij}\}$ 来描述。无权无向单顶点网络邻接矩阵的元素可以表示为

$$a_{ij} = \begin{cases} w_{ij}, & (v_i, v_j) \in E \\ 0, & (v_i, v_j) \notin E \end{cases} \tag{6-1}$$

其中，w_{ij} 表示边的权值。在无权网络中，$w_{ij} = 1$。

度是复杂网络的重要概念，同样是描述复杂网络节点属性的基本参数。节点 v_i 的度 k_i 指的是与该节点相连的边的数目或与其连接的节点的数目。在有向网络中，有出度和入度之分。节点的出度是指从该节点指向其他相连节点的边的数目；节点的入度是指从其他节点指向该节点的边的数目。一个网络中所有节点度的平均值称为平均度，表示为 $<k>$。在网络中，不同节点具有不同程度的重要性，其中度值越大的节点在网络中越重要。

网络中各个节点的度值存在着不同程度上的连接差异，这种情况可用分布函数 $P(k)$ 来描述。分布函数 $P(k)$ 表示在网络中任意选择一个节点，其度值恰好为 k 的概率，也可以表示为网络中度为 k 的节点的数目占节点总数的比例。

路径长度指连接节点 v_i 和 v_j 的每条路径所包含的边数，最短路径长度则是两节点间包含边数最少即距离最短的那条路径的长度，记作 d_{ij}。网络直径是指任意两节点间的最短路径长度的最大值，记作 D，即

$$D = \max_{i,j} d_{ij} \tag{6-2}$$

将任意两节点间距离的平均值定义为平均路径长度，记为 L，即

$$L = \frac{1}{\frac{1}{2}N(N+1)} \sum_{i \geqslant j} d_{ij} \tag{6-3}$$

聚类特性是指在数据集中将相似的数据对象分组或聚集在一起的能力。聚类是一种无监督学习方法，它试图将数据集中的对象划分为具有相似特征的组或类别，而无须先验知识或标签[5]。一个度为 k_i 的节点将有 k_i 个邻居节点与之相连，如果这 k_i 个邻居节点都彼此相连，则它们之间最多能有 $(k_i(k_i-1))/2$ 条边。定义节点 v_i 的聚类系数为 C_i，它表示节点 v_i 的 k_i 个邻居节点之间实际存在的边数 E_i 和最多可能存在的边数 $(k_i(k_i-1))/2$ 之比，即

$$C_i = \frac{E_i}{\frac{1}{2}k_i(k_i - 1)} \tag{6-4}$$

整个网络的聚类系数C定义为所有节点聚类系数的算术平均值，即

$$C = \frac{1}{N}\sum_i C_i \tag{6-5}$$

显然，聚类系数C的取值范围为0～1。当聚类系数C为0时，表示所有节点之间都没有连接，即所有节点都是孤立的；当C为1时，表示任意两个节点之间都是直接相连的，即网络是一个全耦合网络。因此，用聚类系数来描述网络的聚集程度，它描述节点在网络中聚集成群的程度，并衡量节点与其邻居节点间连接的紧密程度。常见的聚类系数包括全局聚类系数和局部聚类系数。

6.2　无权网络模型

常见的规则网络有全耦合网络、最近邻耦合网络、星形耦合网络，如图 6-1 所示。全耦合网络是指所有节点之间都直接连接的网络结构，被称为完全连接网络或全连接网络，由定义可知它具有所有网络中最短平均路径长度$(L=1)$和最大聚类系数$(C=1)$。在全耦合网络中，每个节点都与其他节点直接相连，形成了一个密集的连接图。

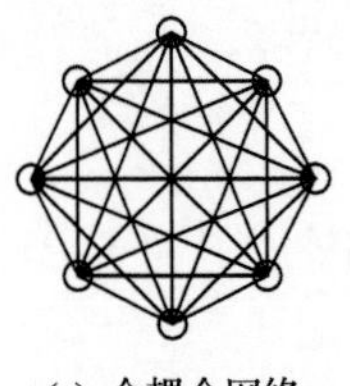
(a) 全耦合网络

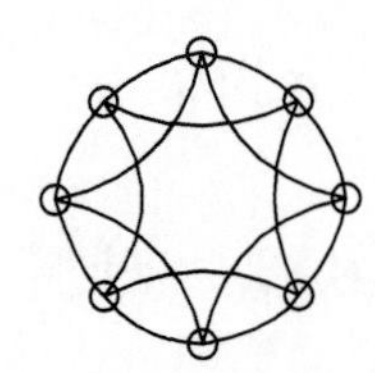
(b) 最近邻耦合网络

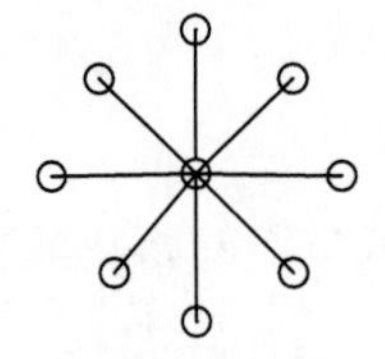
(c) 星形耦合网络

图 6-1　三种规则网络模型

在一个有N个节点的全耦合网络中，每个节点都与其他N–1个节点相连，共有$N(N$–1)条边。这种连接方式使得全耦合网络的信息传递非常高效，因为任意两个节点之间都存在直接的通信路径。

最近邻耦合网络是一种基于最近邻连接的网络结构。在最近邻耦合网络中，每个节点仅与其最近的邻居节点直接连接，形成了一个局部连接的网络。这种连接方式基于节点之间的空间或距离关系，每个节点只与附近的节点进行直接通信。具有N个节点的环形最近邻耦合网络中，每个节点都和与之相邻的左右各$K/2$个

节点连接（K为偶数）。当K取值较大时，其聚类系数为

$$C=\frac{3(K-2)}{4(K-1)}\approx\frac{3}{4} \tag{6-6}$$

对于固定的K值，它的平均路径长度为

$$L\approx\frac{N}{2K}\to+\infty,\quad N\to+\infty \tag{6-7}$$

星形耦合网络是一种特殊的网络拓扑结构。星形耦合网络的特点是该网络有一个中央节点，其他节点只与中央节点相连而彼此之间不相连。

在星形耦合网络中，中央节点充当网络的核心或控制节点，负责转发和管理通信信息。所有节点都通过与中央节点直接连接来进行通信。当一个节点需要与其他节点进行通信时，它将数据发送到中央节点，然后由中央节点转发给目标节点。

星形耦合网络的平均路径长度L接近于2，其聚类系数通常指的是中央节点的聚类系数C，接近于1。

由Erdos和Renyi[1]提出的ER(Erdos-Renyi)模型是最经典的随机网络模型之一。在ER模型中，网络由一组节点和连接这些节点的边组成。每对节点之间的边以一定的概率独立存在。该模型假定初始网络中只有N个孤立的节点，如果以概率P连接任意两个节点，即可得到一个节点数为N、边数为$PN(N-1)/2$的ER随机网络。图6-2给出了包含10个节点的ER随机网络的演化模型，当$P=0$时，网络中只有孤立的节点；当$P=0.1$时，网络中有5条连边；当$P=0.15$时，网络中有7条连边。

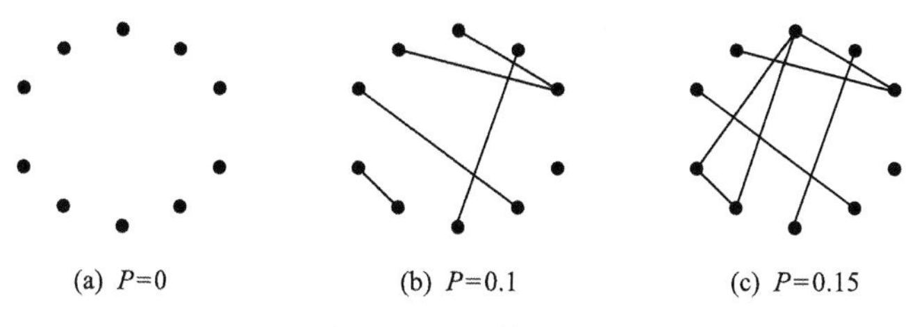

图6-2　ER随机网络

1998年，Watts和Strogatz[6]根据六度分割理论提出了小世界网络模型，简称WS小世界模型。WS小世界模型的演化过程如下。

初始网络：构建一个含有N个节点且每个节点都和与之相邻的左右各$K/2$（K为偶数）个节点连接的环形最近邻耦合网络。

随机重连：以概率P随机地断开网络中的边并重新连接，即保持边的一侧端

点不变，从网络中随机选择另一个节点作为新连边的另一个端点。如果两端已经相连，则不进行这次重连。

图 6-3 表示 WS 小世界网络实现了从完全规则网络到完全随机网络的连续演变。当 $P=0$ 时，WS 小世界网络对应完全规则网络；当 $P=1$ 时，则为完全随机网络。当 $0<P<1$ 时，WS 小世界模型呈现出小世界特性。

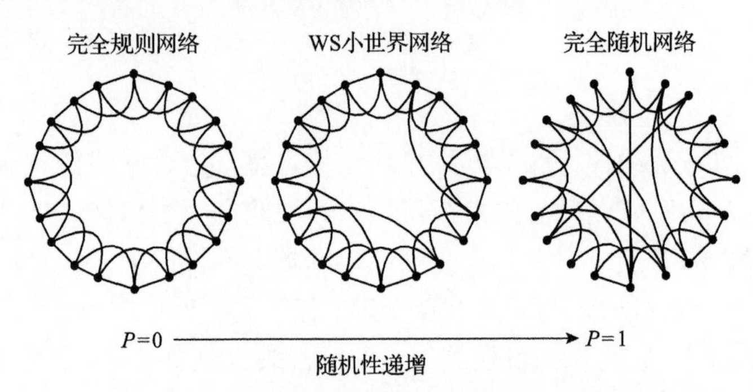

图 6-3　完全规则网络到完全随机网络的过渡

无尺度网络存在于许多复杂网络中，如互联网、万维网等，通常少量节点拥有大量的连接，大部分节点连接较少，且度分布符合幂律分布特性。图 6-4 是用 Python 语言开发的图论与复杂网络建模工具生成的一个网络规模为 200 的无尺度网络模型图。

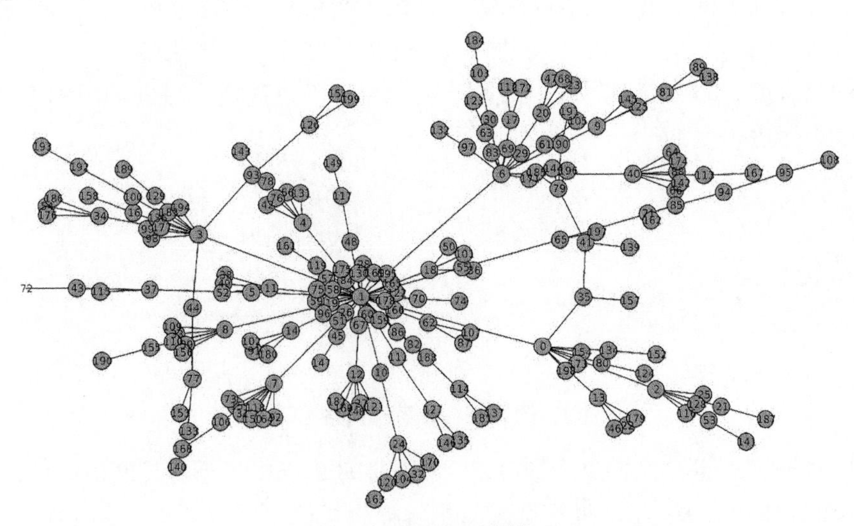

图 6-4　无尺度网络模型

为了阐释幂律分布的形成机理，1999 年，Barabási 和 Albert[2]提出了 BA 无尺度网络模型。BA 无尺度网络模型是在网络演化过程中，网络的结构随着时间不断发展和演化的现象。网络中的节点和连接不断地增加或变化，从而导致网络的整体拓扑结构发生变化[7]。择优连接是一种网络演化机制，在网络中，节点之间建立连接的倾向性取决于节点的度(即节点的连接数)。节点的度越高，即节点已有的连接数越多，越有可能吸引更多的新连接[8]。BA 无尺度网络模型的拓扑增长和择优连接这两个重要的演化机制构造流程如下。拓扑增长：初始网络包含 m_0 个节点及其之间的若干条边，每个时间步引入一个新节点与网络中的 m 个节点相连（$m \leqslant m_0$）。择优连接：新节点以概率 P_i 与网络中的节点 i 连接，即

$$P_i = \frac{k_i}{\sum_i k_i} \tag{6-8}$$

其中，k_i 表示节点 i 的度；$\sum_i k_i$ 为网络中所有节点度的和。

度值 k 的节点的概率密度函数为

$$P(k) = \frac{\partial P(k_i(t) < k)}{\partial k} = 2m^2 k^{-3} \tag{6-9}$$

式(6-9)表明 BA 无尺度网络的度值 k 的概率密度函数符合幂指数为–3 的无尺度网络幂律分布特性，如图 6-5 所示。

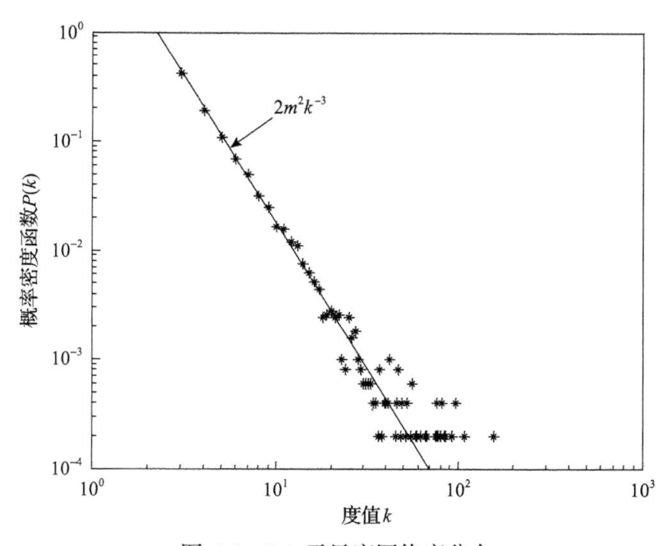

图 6-5　BA 无尺度网络度分布

6.3　加权网络模型

在复杂网络的早期研究中，网络模型主要建立在无权网络的基础上，无权网络只能反映节点之间存在连接的简单信息，即在对应的邻接矩阵中分别用 1、0 两种状态表示两节点间是否存在连边。但在真实网络中，个体之间相互作用的强度和密度存在差异，连边的多样性也不一样。例如，在航空网络中，北京与上海等大城市之间每天的航运密度较大，但与一些小城市之间的航运密度较小。为了更好地反映真实网络的拓扑结构和动力学特征，学者引入了边权的概念，用来刻画节点之间相互作用强度的差异，因此考虑边权的网络(即加权网络)能够更真实详尽地描述实际的复杂网络系统。2005 年，由 Barrat 等[9]提出的加权网络演化模型：BBV(Barrat Barthélemy Vespignani)模型，是目前最常用的加权网络模型之一。

6.3.1　加权网络基本概念

1. 边权和边权分布

边权是指在加权网络中每条边上所赋予的数值。边权可以是实数、整数或其他可度量的值，根据具体应用和领域而定。边权表示不同节点之间的关系强度、通信带宽、距离、相似性等关联关系。

在加权网络中，边权分布是指边权在网络中的分布情况。边权分布描述边权在网络中的频率分布、统计特性和分布形状等。常见的边权分布形式包括正态分布、幂律分布、均匀分布等。

集合 $G=(N,E)$ 可用来描述一个加权网络，其中 N 表示网络中的节点总数即网络规模，E 表示一组赋有权值的边集合。在网络中用符号 w_{ij} 表示节点 i 和节点 j 之间的边权值大小。加权网络可用一个 $N\times N$ 的邻接矩阵 $A=(w_{ij})$ 表示。

用 $P(w)$ 表示边权分布函数，它表示在加权网络中，任意选择一条边，它的权值 w_{ij} 等于 w 的概率；或边权值为 w 的边数占所有边数的比值。许多真实网络的边权分布也具有无尺度网络的幂律分布特性，且伴有重尾分布特性。

2. 点权和点权分布

点权是指在加权网络中每个节点上所赋予的数值，也称为节点强度或节点权重。与边权类似，点权可以是实数、整数或其他可度量的值，用于表示节点的重要性、影响力、大小或其他特征。

点权分布是指加权网络中节点权重的分布情况。它描述了节点权重在网络中的频率分布、统计特性和分布形状。点权分布用于了解网络中节点的多样性、集中度和分布情况。点权 s_i 表示网络中与节点 i 连接的所有边的权值之和，即

$$s_i = \sum_{j \in \tau(i)} w_{ij} \tag{6-10}$$

其中，$\tau(i)$ 表示与节点 i 连接的所有邻居节点的集合。

用 $P(s)$ 表示点权分布函数，在加权网络中，它表示在任意选择一个节点时，该节点的节点强度 s_i 等于 s 的概率；或点权为 s 的节点数目占所有节点数目的比值。真实加权网络的统计分析表明，点权分布同样符合幂律分布特性。

6.3.2　BBV 加权网络演化模型

BBV 加权网络演化模型是一个基于拓扑增长机制和边权演化机制的加权网络演化模型[10]。生成规则如下。

(1) 初始网络：由 m_0 个节点和 e_0 条边组成的全耦合网络，赋予每条边初始权值 w_0。

(2) 拓扑增长：对于每个时间步长，网络增加一个新节点 g，按照权重择优连接原则与网络中 m 个节点相连（$m \leqslant m_0$）。节点 i 被选中的概率为

$$\underset{g \to i}{P} = \frac{s_i}{\sum_j s_j} \tag{6-11}$$

择优概率 $\underset{g \to i}{P}$ 表明权值越大的节点被选中的概率越大。

(3) 边权演化：将新加入的边 (g,i) 赋予权值 w_0，新边的加入会给节点 i 带来额外的流量负担 δ_i。所以节点 i 的点权调整为

$$s_i \to s_i + \delta_i + w_0 \tag{6-12}$$

新加入的边只会局部引起连接节点 i 与其邻居节点 $j \in \tau(i)$ 边的权值重新调整。调整规则如下：

$$w_{ij} \to w_{ij} + \Delta w_{ij} \tag{6-13}$$

$$\Delta w_{ij} = \delta_i \frac{w_{ij}}{s_i} \tag{6-14}$$

BBV 加权网络的边权演化机制如图 6-6 所示。

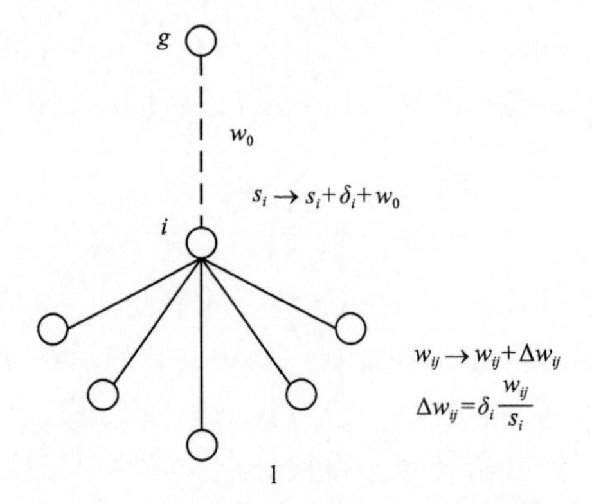

图 6-6　BBV 加权网络的边权演化机制

BBV 加权网络的度分布 $P(k)$、边权分布 $P(w)$、点权分布 $P(s)$ 均服从幂律分布，节点强度与节点度之间呈正比关系，如图 6-7 所示。

$$P(k) \sim k^{-\frac{4\delta+3}{2\delta+1}} \tag{6-15}$$

$$P(w) \sim w^{-\left(2+\frac{1}{\delta}\right)} \tag{6-16}$$

$$P(s) \sim s^{-\frac{4\delta+3}{2\delta+1}} \tag{6-17}$$

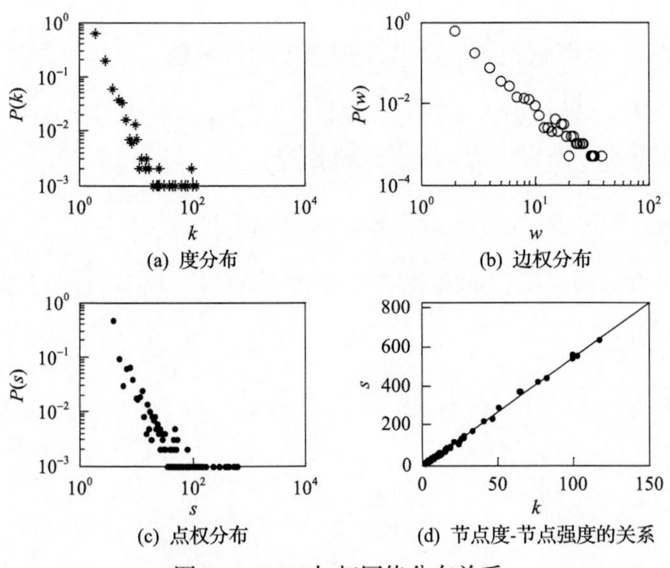

图 6-7　BBV 加权网络分布关系

6.4　二分网络模型

单顶点网络只能描述部分复杂网络的形态。研究表明，一些典型的复杂网络，如科学家-论文合作网、电影-演员网等，都呈现出二分性结构，即网络中的节点类型不是单一的，而是存在着种类不同的对象点，且同一类节点之间没有连接。二分网络作为复杂网络的一个重要形式，为网络建模工作提供了更多可能性。这种网络结构的兴起进一步推动了复杂网络研究的发展[11]。对于科学、社交、信息传播等领域的研究，二分网络的应用有助于更好地理解和描述这些系统的复杂关系和性质。

6.4.1　二分网络基本参数

通常用 $H=(M,N,E)$ 描述一个二分网络，U 和 W 分别表示两类节点的集合，$|U|=M$、$|W|=N$ 分别表示两类节点的数量即网络规模[12]。E 是存在于这两类节点之间的边集合。

1. 二分网络的度分布

用分布函数 $P(k_U)$ 表示集合 U 中节点的度分布，其含义为在集合 U 中任意选择一个节点当且仅当存在 k_U 条边的概率为 $P(k_U)$，同样可以视为在集合 U 中度为 k_U 的节点个数占集合 U 中所有节点总数 n_U 的比值：

$$P(k_U)=\frac{U\text{中度为}k_U\text{的节点个数}}{n_U} \tag{6-18}$$

集合 W 中节点的度分布用分布函数 $P(k_W)$ 来表示：

$$P(k_W)=\frac{W\text{中度为}k_W\text{的节点个数}}{n_W} \tag{6-19}$$

2. 二分网络的点权分布

用分布函数 $P(s_U)$ 表示集合 U 中节点的点权分布函数，其含义为在集合 U 中任意一个节点 i 的点权 s_i 等于 s_U 的概率为 $P(s_U)$，或集合 U 中节点点权为 s_U 的节点个数占整个集合 U 中所有节点总数 n_U 的比值：

$$P(s_U)=\frac{U\text{中节点点权为}s_U\text{的节点个数}}{n_U} \tag{6-20}$$

同理，集合 W 中节点的点权分布函数 $P(s_W)$ 为

$$P(s_W) = \frac{W\text{中节点点权为}s_W\text{的节点个数}}{n_W} \tag{6-21}$$

3. 二分网络的边权分布

用 $P(w)$ 表示边的权值分布函数，其含义为权值为 w 的边条数占所有边的总条数 n_{edge} 的比值。其边权分布函数为

$$P(w) = \frac{\text{权值为}w\text{ 的边条数}}{n_{\text{edge}}} \tag{6-22}$$

6.4.2 二分网络基本分类

二分网络模型主要分为静态模型和动态模型两类。

在静态模型中，网络的节点数和边数是固定不变的，但是网络中的边会重新连接。通过这种机制，静态二分网络模型可以评估节点之间的匹配度，以实现资源的高质量、高效率分配[13]。

在动态模型中，网络的节点数和边数不再固定，而是处于不断变化的状态，新边会按照一定规则选择网络中的节点进行连接，动态二分网络中同样存在边的重连现象。Ramasco 等[14]引入偏好依附的概念，新边按照偏好依附的规则进行连接，这样生成的动态二分网络表现出无尺度特性。

6.5 基于加权二分网络的冗余流量演化模型

在真实互联网网络中，存在网络用户和网络资源两类节点。当用户访问资源时，二者之间会相互关联，因此使用二分网络模型来构建网络用户和网络资源之间的关联关系。在该模型中，网络用户是一类节点，网络资源是另一类节点，当某一用户访问某一资源时，认为该用户和资源之间建立一条连边，表示它们之间存在某种关联。通过以上规则，将真实的互联网网络抽象成一个以网络用户和网络资源为顶点的二分网络。

为了解决互联网网络用户重复访问网络资源导致冗余流量引发的网络拥塞问题，建立了随时间演化的加权二分网络(WBN)模型。WBN 模型采用择优连接和拓扑增长的方式揭示网络演化用以研究用户网络行为和冗余流量的形成机制以及演化规律[15]。通过对冗余流量进行研究来提高网络的稳定性和可靠性，并为 WBN

在实际应用中的调度和优化提供新思路。本节通过实验分析，对冗余流量的统计特性进行建模。实验结果表明，WBN 模型具有无尺度的演化规律和拓扑特性，并且服从指数 2～3 内的幂律分布。

6.5.1　模型概述

为了揭示网络用户行为的时域统计分布特征，选定一个确定的网络进行演化仿真，以此对在某一个时间段内用户访问资源的网络变化情况进行仿真。假设所有网络用户的集合为U，$|U|=M$，U中的一个节点视为一个用户终端；所有网络资源的集合为R，$|R|=N$，一个资源节点可以是一个 Web 网页，也可以是音视频、图片、文本等文件。二分网络由$H=(M,N,E)$组成，E是存在于这两类节点之间的连边，表示用户访问一个资源节点后产生的冗余流量。二分网络是由U中的M个节点和R中的N个节点以及存在于U和R之间的e条边组成的，图 6-8 表示一个由 4 个网络用户节点、3 个网络资源节点以及若干条边组成的二分网络模型实例。

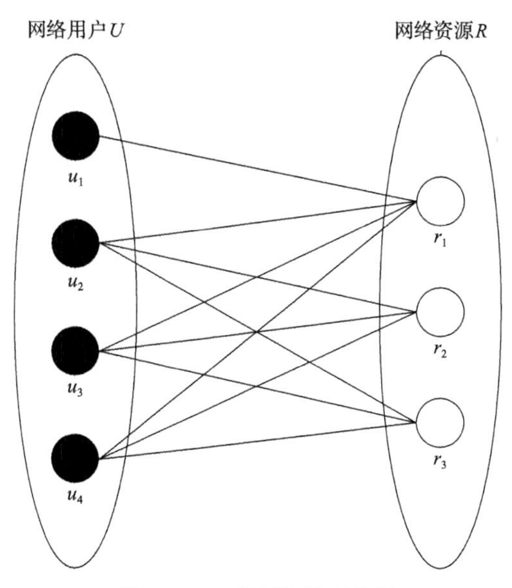

图 6-8　二分网络模型实例

一个 WBN 用一个$M\times N$的邻接矩阵$W=(w_{ij})$表示，其中$i=1,2,\cdots,M$和$j=1,2,\cdots,N$。矩阵中每个元素w_{ij}表示边(i,j)的权值大小(边权值)，即单个网络用户节点和单个网络资源节点之间冗余流量的数值，如表 6-1 所示。

集合U中节点i的点权s_i定义为

$$s_i = \sum_{j \in \tau(i)} w_{ij} \tag{6-23}$$

其中，$\tau(i)$ 表示集合 R 中与节点 i 相连接的节点集合。s_i 表示单个网络用户节点与多个网络资源节点之间冗余流量的总和。

表 6-1　邻接矩阵

w_{ij}	r_1	r_2	r_3	…	r_N
u_1	w_{11}	w_{12}	w_{13}	…	w_{1N}
u_2	w_{21}	w_{22}	w_{23}	…	w_{2N}
u_3	w_{31}	w_{32}	w_{33}	…	w_{3N}
⋮	⋮	⋮	⋮	…	⋮
u_M	w_{M1}	w_{M2}	w_{M3}	…	w_{MN}

用 $P(s)$ 表示集合 U 中节点的点权分布函数，其含义为 U 中节点点权为 s_U 的节点个数占整个集合 U 节点总数 n_U 的比值：

$$P(s) = \frac{U\text{中节点点权为}s_U\text{的节点个数}}{n_U} \tag{6-24}$$

同理，集合 R 中节点 k 的点权 s_k 和节点点权分布函数 $P(J)$ 分别表示为

$$s_k = \sum_{i \in \tau(k)} w_{kl} \tag{6-25}$$

$$P(J) = \frac{R\text{中节点点权为}J_R\text{的节点个数}}{n_R} \tag{6-26}$$

由于连边是共有的，所以二者有相同的边权分布。其边权分布函数为

$$P(w_U) = P(w_R) = \frac{\text{边权为}w\text{的边的条数}}{n_{\text{edge}}} \tag{6-27}$$

其中，n_{edge} 是边的总条数。

6.5.2　模型构建

在真实的网络行为中，网络的规模会随着网络用户的增加而不断扩大，相应的网络资源数量逐渐增多。用户根据自身的兴趣和偏好关注特定的资源，而一些热门资源拥有更高的关注度[16]。此外，网络中还存在着用户之间的互动行为，以及不同用户之间存在的异质性，这些因素会影响网络的拓扑结构，导致过度的冗余连接和不合理的连接。综合考虑这些网络特征，WBN 模型采用了两个重要的演

化机制来模拟网络的拓扑演化，这两个机制分别是拓扑增长和边权演化。WBN 模型的构造流程如下。

1. 拓扑增长

具体步骤如图 6-9 所示。

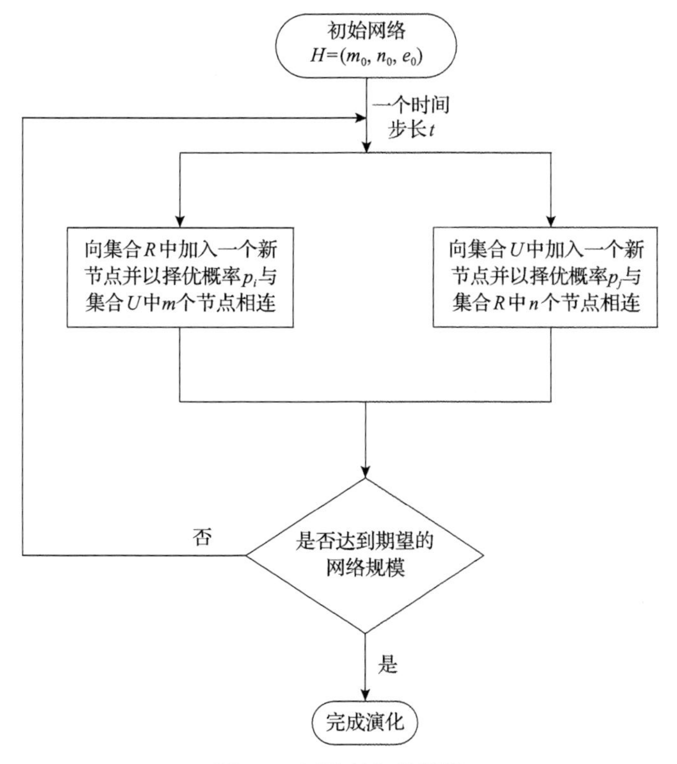

图 6-9　网络的拓扑增长

初始网络：由 U 中的 m_0 个节点和 R 中的 n_0 个节点以及 U 和 R 之间的 e_0 条边组成的全耦合网络，且每条边赋予初始权值 w_0。

生长假设：对于每个时间步长，分别在 U 和 R 中加入一定数量的新节点。

偏好连接：记集合 U 中的节点 i 在 t 时刻的点权为 $s_i(t)$，集合 R 中的节点 j 在 t 时刻的点权为 $J_j(t)$。在之后的每一个时间步长里循环执行以下过程。

(1) 向集合 R 中加入一个新节点，新增的节点以择优概率 P_i 与集合 U 中该时刻包含的 m 个节点相连接：

$$P_i = \frac{s_i(t)}{\sum_i s_i(t)} \tag{6-28}$$

(2)向集合 U 中加入一个新节点，新增的节点以择优概率 P_j 与集合 R 中该时刻包含的 n 个节点相连接：

$$P_j = \frac{J_j(t)}{\sum_j J_j(t)} \tag{6-29}$$

择优概率表明，具有更高权重的节点被选中的概率更大。这意味着用户活跃度或资源热度较高的节点通常会有更大的概率连向其他节点，因此这些节点很容易在网络中传输冗余流量。

2. 边权演化

在某一个时间步，网络中用户节点 i 访问某个新的资源节点 n 引入了一条新边 (n,i) (图 6-10 中虚线所示)，新加入的边赋予权值 w_0。与此同时，随着时间推移，网络中的冗余流量逐渐累积，用户节点 i 和与之相连的其他资源节点 $k \in \tau(i)$ 的边权值将重新调整。调整规则如下：

$$w_{ik} \to w_{ik} + \Delta w_{ik} \tag{6-30}$$

$$\Delta w_{ik} = \delta_i \frac{w_{ik}}{s_i} \tag{6-31}$$

$\tau(i)$ 表示一个时间步，与用户节点 i 连接的资源节点集合。式(6-30)、式(6-31)的含义为，对于每一个时间步，用户节点会增加额外的数值为 δ_i 的冗余流量，而与之连接的边会根据自身权值 w_{ik} 占节点点权 s_i 的比例分担一部分冗余流量。因此，用户节点 i 的节点点权调整为

$$s_i \to s_i + \delta_i + w_0 \tag{6-32}$$

图 6-10 描绘了新添加一个资源节点时模型的演化进程。参照上述演化规则和方法，同样假设每一个时间步，资源节点均会额外增加数值为 δ_i 的冗余流量，即

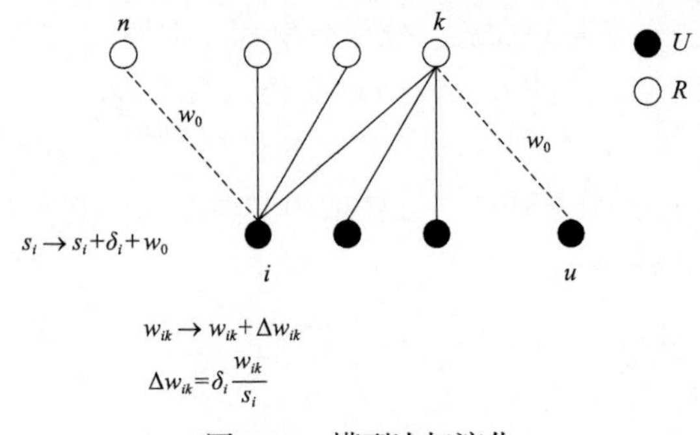

图 6-10　模型边权演化

可得出新添加用户节点时 WBN 模型的演化过程。

6.5.3　模型统计特性分析

1. U 类节点的统计特性

1)点权分布

BBV 加权网络演化模型中，新边的引入对节点的强度产生两方面影响，节点 i 的强度 s_i 因两种情况而改变：一是新边直接与节点相连，二是连接至节点的邻居节点。但在二分网络中，同一类节点之间并不存在直接连边的情形。在演化过程中，每个时间步内两类节点均增加一个节点，因此，演化推导可理解为在引入一个新节点时，首先考虑其直接连接到节点的情形，再考虑其连接至节点的邻居节点的情形。

运用连续介质理论和平均场理论，计算获得 U 中第 i 个节点的点权 s_i 对 t 的分布。假设 s_i 是连续变化的，则 s_i 的变化率推导如下：

$$\frac{\mathrm{d}s_i}{\mathrm{d}t} = m\frac{s_i}{\sum\limits_i s_i}(w_0+\delta_i) + \sum_{j\in\tau(i)} n\frac{J_j}{\sum\limits_j J_j}\delta_i\frac{w_{ij}}{J_j} \tag{6-33}$$

式(6-33)右边第一项表示在网络资源 R 中增加一个节点时，网络用户 U 中的用户终端节点 i 被选中的情况，第二项表示在网络用户 U 中增加一个节点时，网络资源 R 中与节点 i 相连的节点被选中的情况。

每增加一条边，单个对象的总权重增加 $w_0+\delta_i$，在一个时间步内，单个对象的权重就增加 $(m+n)(w_0+\delta_i)$。

当 t 足够大时，存在 $\sum\limits_i s_i = \sum\limits_j J_j = e_0 w_0 + (m+n)(w_0+\delta_i)t \approx (m+n)(w_0+\delta_i)t$，代入式(6-33)可得

$$\frac{\mathrm{d}s_i(t)}{\mathrm{d}t} = \frac{(m+n)\delta_i + mw_0}{(m+n)(w_0+\delta)}\frac{s_i(t)}{t} \tag{6-34}$$

令 $A=\dfrac{(m+n)\delta_i+mw_0}{(m+n)(w_0+\delta)}$，由演化规则可知，节点 i 刚加入到网络时其权重为 m，即式(6-34)的初始条件为 $s_i(t=t_i)=m$，由此可得

$$s_i(t) = m\left(\frac{t}{t_i}\right)^A \tag{6-35}$$

节点 i 的点权 $s_i(t)$ 小于 s 的概率为

$$P(s_i(t)<s)=P\left[t_i>\frac{t}{\left(\frac{s}{m}\right)^{\frac{1}{A}}}\right]=1-P\left[t_i<\frac{t}{\left(\frac{s}{m}\right)^{\frac{1}{A}}}\right] \tag{6-36}$$

假设节点 i 的加入时间服从均匀分布：

$$P(s_i(t)<s)=1-\frac{t}{\left(\frac{s}{m}\right)^{\frac{1}{A}}}\frac{1}{t+m_0} \tag{6-37}$$

由 $P(s)=\frac{\partial P(s_i(t)<s)}{\partial s}$ 得到节点的点权幂律分布特性：

$$P(s)\sim s^{-\alpha_1} \tag{6-38}$$

其中，$\alpha_1=2+\frac{nw_0}{(m+n)\delta_i+mw_0}$。

2)边权分布

边 (i,j) 的权值 w_{ij} 变化率推导如下：

$$\frac{\mathrm{d}w_{ij}}{\mathrm{d}t}=m\frac{s_i}{\sum_i s_i}\delta_i\frac{w_{ij}}{s_i}+n\frac{J_j}{\sum_j J_j}\delta_i\frac{w_{ji}}{J_j} \tag{6-39}$$

式(6-39)中右边第一项表示在网络资源 R 中增加一个节点时，网络用户 U 中节点 i 被选中的情况，第二项表示在网络用户 U 中增加一个节点时，网络资源 R 中与节点 i 相连的节点被选中的情况。

每增加一条边，网络用户 U 中节点 i 的总权重增加 $w_0+\delta_i$，在一个时间步内，网络用户 U 中节点 i 的权重就增加 $(m+n)(w_0+\delta_i)$。同样，网络资源 R 中节点 j 在一个时间步内权重增加 $(m+n)(w_0+\delta_i)$。

在无向网络模型中，存在 $w_{ij}=w_{ji}$，当 t 足够大时，$\sum_i s_i=\sum_j J_j=e_0w_0+(m+n)(w_0+\delta_i)t\approx(m+n)(w_0+\delta_i)t$，代入式(6-39)计算得

$$\frac{\mathrm{d}w_{ij}}{\mathrm{d}t}=\frac{\delta_i}{w_0+\delta_i}\frac{w_{ij}}{t} \tag{6-40}$$

令 $A=\frac{\delta_i}{w_0+\delta_i}$，由演化规则可知，节点 i 刚加入到网络时其一边的权值为 1，

即初始条件为 $w_{ij}(t_{ij})=1$，$t_{ij}=\max(i,j)$。由此可得

$$w_{ij}(t)=\left(\frac{t}{t_i}\right)^A \tag{6-41}$$

边 (i,j) 的边权 $w_{ij}(t)$ 小于 w 的概率为

$$P(w_{ij}(t)<w)=P\left(t_i>\frac{t}{w^{\frac{1}{A}}}\right)=1-P\left(t_i<\frac{t}{w^{\frac{1}{A}}}\right) \tag{6-42}$$

假设边 (i,j) 加入时间服从均匀分布，则

$$P(w_{ij}(t)<w)=1-\frac{t}{w^{\frac{1}{A}}}\frac{1}{e_0+(m+n)t} \tag{6-43}$$

由 $P(w)=\dfrac{\partial P(w_{ij}(t)<w)}{\partial w}$ 得到边权幂律分布特性，即

$$P(w)\sim w^{-\beta_1} \tag{6-44}$$

其中，$\beta_1=2+\dfrac{w_0}{\delta_i}$。

3）度分布

U 中节点 i 的度 k_i 的变化率为

$$\frac{\mathrm{d}k_i}{\mathrm{d}t}=m\frac{s_i}{\sum_i s_i} \tag{6-45}$$

由 $\sum_i s_i=e_0w_0+(m+n)(w_0+\delta_i)t\approx(m+n)(w_0+\delta_i)t$ 可知

$$\frac{\mathrm{d}k_i}{\mathrm{d}t}=\frac{m}{(m+n)(w_0+\delta_i)}\frac{s_i}{t} \tag{6-46}$$

将式(6-34)代入式(6-46)，则式(6-46)改写为

$$\frac{\mathrm{d}s_i}{\mathrm{d}t}=\frac{(m+n)\delta_i+mw_0}{m}\frac{\mathrm{d}k_i}{\mathrm{d}t} \tag{6-47}$$

计算可得

$$k_i(t) = \frac{m}{(m+n)\delta_i + mw_0} s_i(t) \tag{6-48}$$

由式(6-48)可看出 $k_i(t)$ 与 $s_i(t)$ 呈正比关系，即

$$P(k) \sim k^{-\gamma_1} \tag{6-49}$$

其中，$\gamma_1 = 2 + \dfrac{nw_0}{(m+n)\delta_i + mw_0}$。

可见，U 类节点的点权分布和度分布服从幂律分布，幂指数与参数 m、n、w_0、δ_i 相关；同样，边权分布也服从幂律分布，但幂指数与参数 w_0、δ_i 相关，与 m、n 无关，且幂律指数的取值范围为[2,3]。该结论与文献[11]科学家-论文合作网、电影-演员网等二分网络分布规律一致。

2. R 类节点的统计特性

1)点权分布

R 中第 j 个节点的点权 J_j 变化率推导如下：

$$\frac{\mathrm{d}J_j}{\mathrm{d}t} = n\frac{J_j}{\sum_j J_j}(w_0 + \delta_i) + \sum_{i \in \tau(j)} n\frac{s_i}{\sum_i s_i}\delta_i \frac{w_{ij}}{s_i} \tag{6-50}$$

推导过程与前面类似，计算可得

$$P(J) \sim J^{-\alpha_2} \tag{6-51}$$

其中，$\alpha_2 = 2 + \dfrac{mw_0}{(m+n)\delta_i + nw_0}$。

2)边权分布

边 (j,i) 的权值 w_{ji} 变化率推导如下：

$$\frac{\mathrm{d}w_{ji}}{\mathrm{d}t} = n\frac{J_j}{\sum_j J_j}\delta_i \frac{w_{ji}}{J_j} + m\frac{s_i}{\sum_i s_i}\delta_i \frac{w_{ij}}{s_i} \tag{6-52}$$

式(6-52)说明，无向网络中边 (j,i) 的权值 w_{ji} 的变化率通过节点 i 和 j 的变化状态来推导和评估。R 类节点的边权分布与 U 类节点的边权分布相同：

$$P(w) \sim w^{-\beta_2} \tag{6-53}$$

其中，$\beta_2 = 2 + \dfrac{w_0}{\delta_i}$。

3) 度分布

R 中节点 j 的度 k_j 的变化率为

$$\frac{\mathrm{d}k_j}{\mathrm{d}t} = n\frac{J_j}{\sum_j J_j} \tag{6-54}$$

推导过程与前面类似，可得

$$P(k) \sim k^{-\gamma_2} \tag{6-55}$$

其中，$\gamma_2 = 2 + \dfrac{mw_0}{(m+n)\delta_i + nw_0}$。

可见，R 类节点的点权分布和度分布都服从幂律分布，幂指数与参数 m 、n 、w_0 、δ_i 相关，且幂律指数的取值范围为[2,3]。由式(6-38)与式(6-51)以及式(6-49)与式(6-55)的比较可知，U 类和 R 类节点的点权分布和度分布服从相同的幂律分布，由于受到 m 、n 取值的影响，二者间存在细微差异。

3. 仿真分析

通过数值仿真验证 WBN 模型符合幂律分布特性。本节实验中，取 $\delta_i = 1$ 、$w_0 = 1$ 、$m_0 = n_0 = 4$ 、$m = n = 3$ 、$M = N = 5000$ 。

图 6-11～图 6-13 分别给出了 WBN 两类节点的幂律分布关系图，这两类节点的点权分布和度分布幂律指数相似，且边权分布关系图相同。其中图 6-11 显示的是点权幂律分布图，在双对数坐标下可知点权分布服从幂律分布 $P(s) \sim s^{-2.1}$，图 6-12 中度分布服从幂律分布 $P(k) \sim k^{-2.9}$ 。图 6-13 中两类节点的边权幂律分布关系图完全相同，这是因为边权是两类节点共有的属性。同时，边权分布也呈现出幂律分布特性，说明边权值和节点强度之间呈正相关关系，图 6-13 中边权分布服从幂律分布 $P(w) \sim w^{-2.0}$ 。综上，三种分布不仅符合幂律分布特性，还表现出重尾分布的特点。重尾分布的特点是指在这些分布中，数值较大的节点在网络中所占的比例较小。这种现象的产生是由于节点的权值随着节点度值的增加而增加，而度分布在双对数坐标下的增长速度逐渐减小。在这些复杂网络中，少数节点具有较大的权值或度值，大多数节点的权值或度值较小，反映出网络中的异质性和不均等性。

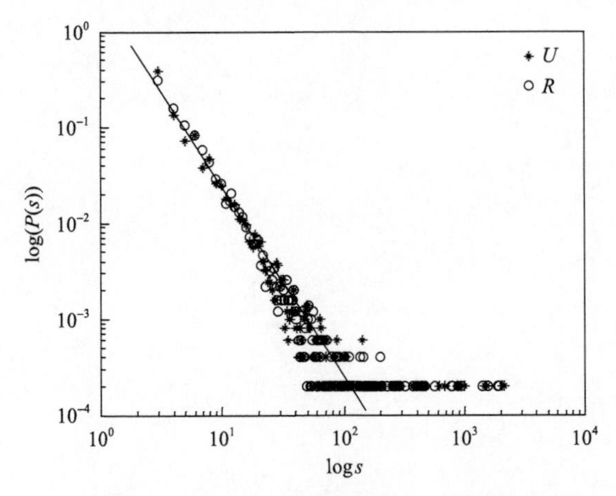

图 6-11　WBN 点权幂律分布关系图

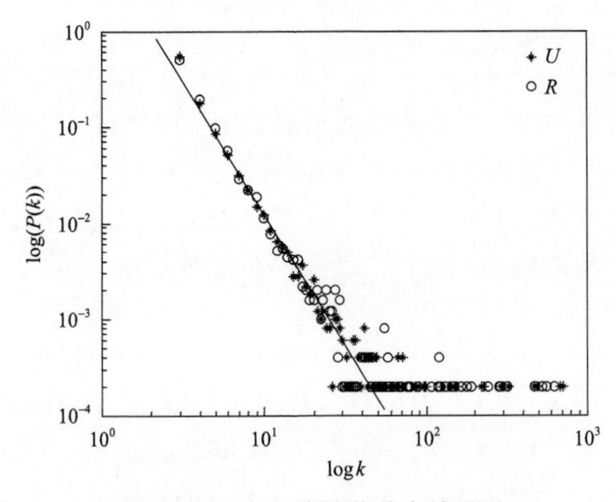

图 6-12　WBN 度幂律分布关系图

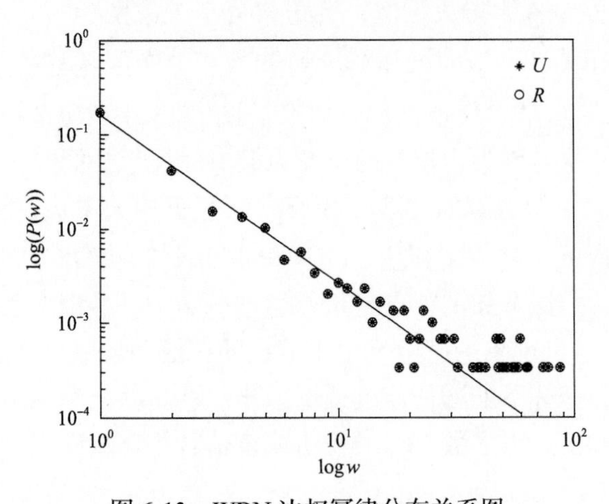

图 6-13　WBN 边权幂律分布关系图

重尾分布揭示出节点的边权与度之间的相关性，由于两类节点的度和边权分布大致相似，所以选取其中的一类节点来进一步分析节点边权与节点度之间的关系。

图 6-14 中点权 s 和度 k 之间的变化情况满足线性关系，由此可知网络的点权高度依赖于度值，同时二者服从幂律分布 $s(k) \sim k^{\beta}$（$\beta = 1.2 \pm 0.1$）。点权的增长速率要大于度的增长速率，具有较大权重的边倾向于连接度值较大的点。结论表明，在 WBN 中，拓扑结构和边存在某种很强的关联，可认为网络资源的热度越大则访问量越多，从而产生的冗余流量也越多。同时，度越大的中央节点，处理和消除冗余流量的能力也越强，实验结果也揭示了加权无尺度网络中的马太效应。

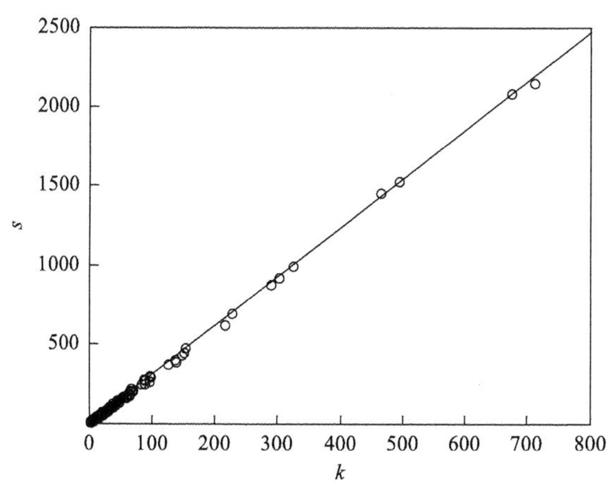

图 6-14　WBN 点权与度的关系

由图 6-11～图 6-13 可知，该网络模型的边权、节点度以及点权分布幂指数的范围为 2～3，仿真结果与理论分析一致，且三种分布都呈现出幂律分布和重尾分布的特性，与无尺度网络模型的特征相符合。实验结果表明该网络模型的分布特性与真实网络的实证结果一致，并且具有更广泛的实用性。在 WBN 中，点权的增长速率大于度的增长速率，而且具有较大权重的边倾向于连接具有更高度的节点。这说明网络资源的热度与访问量之间存在强关联，导致更多的冗余流量的产生。此外，高度连接的中央节点通常具有更强的处理和清除冗余流量的能力。

6.5.4　演化模型分析

冗余流量的边权表示为 w_{ij}，与节点点权 s_i 密切相关。本节通过研究 U 类用户节点点权和边权的分布特性来分析冗余流量的演化规律。WBN 模型的演化过程存在以下步骤：初始网络规模较小，因此网络上的冗余流量也较少，网络处于非拥塞状态；随着网络规模的增加，冗余流量逐渐增加，导致网络严重拥塞；最后由于用户数量大量减少，网络中的冗余流量也急剧下降，网络又恢复到正常状态。因此，WBN 模型的演化过程经历了网络由空闲到拥塞又恢复到非拥塞状态的转变。

1. 节点点权演化分析

1)空闲状态

以一天为研究周期，凌晨时分上网用户数量较少，网络处于流畅状态。映射到 WBN 模型中可以视为初始时网络处于空闲状态，即 t=0 时，有

$$\sum_i s_i = \sum_j J_j = e_0 w_0 + (m+n)(w_0 + \delta_i)t \approx e_0 w_0 \tag{6-56}$$

结合式(6-33)得

$$\frac{\mathrm{d}s_i(t)}{\mathrm{d}t} = \frac{mw_0 + m\delta_i + nw_0}{e_0 w_0} s_i(t) \tag{6-57}$$

$$s = \mathrm{e}^{\frac{mw_0 + m\delta_i + nw_0}{e_0 w_0} t} \tag{6-58}$$

由此可知，初始时网络模型是一个近似服从指数分布的随机模型。

2)空闲状态到拥塞状态

从早上到晚上，上网人数逐渐增加并保持在一个稳定的水平，网络也从相对空闲状态逐渐变得拥挤。当网络规模足够大时，可以认为网络已进入拥塞状态。

用户点权分布服从幂律分布，即

$$P(s) \sim s^{-\gamma} \tag{6-59}$$

其中，$\gamma = 2 + \dfrac{nw_0}{(m+n)\delta_i + mw_0}$。

3)恢复到非拥塞状态

午夜时分，用户数量急剧减少，可理解为网络中大量节点和邻边被移除。此时，网络中存在的冗余流量随着边的数量或者权值减小逐渐变小。

$$\frac{\mathrm{d}s_i(t)}{\mathrm{d}t} = \frac{mw_0 + m\delta_i + nw_0}{e_0 w_0} s_i(t) - \frac{(m+n)\delta_i + mw_0}{(m+n)(w_0 + \delta_i)} \frac{s_i(t)}{t} \tag{6-60}$$

由式(6-60)可得

$$s = t^{\frac{(m+n)\delta_i + mw_0}{(m+n)(w_0+\delta_i)}} \mathrm{e}^{\frac{mw_0 + m\delta_i + nw_0}{e_0 w_0} t} \tag{6-61}$$

式(6-60)右边第一项表示新增的点边未被移除的部分，第二项表示点边被移除的部分，负号表示移除。由式(6-61)可知，此时的网络模型表示为一个随着时间变化的无规律随机网络。

2. 边权演化分析

1)空闲状态

初始时，网络处于空闲状态，有 $\sum_i s_i = \sum_j J_j = e_0 w_0 + (m+n)(w_0+\delta_i)t \approx e_0 w_0$，代入式(6-39)得

$$\frac{\mathrm{d}w_{ij}}{\mathrm{d}t} = \frac{(m+n)\delta_i}{e_0 w_0} w_{ij} \tag{6-62}$$

$$w = \mathrm{e}^{\frac{(m+n)\delta_i}{e_0 w_0} t} \tag{6-63}$$

初始时，网络同样是一个近似服从指数分布的随机网络。

2)空闲状态到拥塞状态

当网络规模足够大时，可以视为网络处于拥塞状态，即当 t 足够大时，有 $\sum_i s_i = \sum_j J_j = e_0 w_0 + (m+n)(w_0+\delta_i)t \approx (m+n)(w_0+\delta_i)t$，结合式(6-39)可得

$$\frac{\mathrm{d}w_{ij}}{\mathrm{d}t} = \frac{\delta_i}{w_0 + \delta_i} \frac{w_{ij}}{t} \tag{6-64}$$

用户节点边权分布服从幂律分布，即

$$P(w) \sim w^{-\gamma} \tag{6-65}$$

其中，$\gamma = 2 + w_0 / \delta_i$。

3)恢复到非拥塞状态

用户数量急剧减少，可理解为网络中大量节点及其连边被移除。同时，仍有少量边(新的冗余流量)生成。

$$\frac{\mathrm{d}w_{ij}}{\mathrm{d}t} = \frac{(m+n)\delta_i}{e_0 w_0} w_{ij} - \frac{\delta_i}{(w_0+\delta_i)t} w_{ij} \tag{6-66}$$

由式(6-66)可得

$$w = t^{-\frac{\delta_i}{w_0+\delta_i}} e^{\frac{(m+n)\delta_i}{e_0 w_0}t} \tag{6-67}$$

由式(6-67)可知，在该状态时，网络仍然是一个随着时间变化的无规律随机网络。

6.5.5 仿真分析

通过数值仿真验证 WBN 模型的分布特性。仿真实验中，存在三种网络状态：规模为 $M=N=100$ 的网络，模拟网络处于空闲状态；规模为 $M=N=5000$ 的网络，模拟网络处于拥塞状态；规模为 $M=N=100$ 的网络，模拟网络由拥塞状态恢复到非拥塞状态。其他变量初始值取 $\delta_i=1$、$w_0=1$、$m_0=n_0=3$、$m=n=3$。

1. 空闲状态

图 6-15 展示了一个二分网络图，由用户节点 U 和资源节点 R 组成。根据二分网络的特性，同一类节点之间没有连接。图中描述了网络节点演化的几种情况。首先，一个 R 类节点被添加到网络中，根据择优连接原则，选择 U 类节点中点权最大的节点进行连接，形成边 e_1，连接概率为 P_1。然后，一个 U 类节点被添加，并以概率 P_2 连接一个 R 类节点，按照择优连接原则，新节点将选择网络中点权较大的旧节点作为连接对象，形成边 e_2。边 e_3 表示向网络中添加一个 R 类节点，连接一个点权最小的 U 类节点，此时的连接概率为 P_3。在这种情况下，有 $P_1>P_2>P_3$。

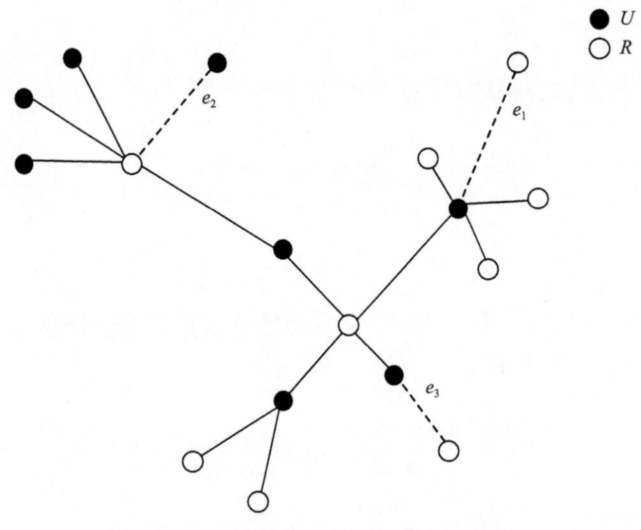

图 6-15　初始状态二分网络节点演化过程

空闲状态网络的统计特性如图 6-16 和图 6-17 所示。在图 6-16 中，横坐标表示节点序号，所有节点按照它们加入网络的时间顺序进行排序，纵坐标表示节点的点权。图 6-17 的横坐标表示边序号，同样按照边加入网络的时间顺序进行排序，纵坐标表示边权。前三个节点，即序号为 1～3 的节点，是网络初始状态时设置的节点。网络的演化过程以这三个节点为中心，通常以概率 P_1 被选中作为连接节点。中央节点具有最多的连边，因此它的边权和点权都比其他节点大。节点序号为 4～45 的节点是初始阶段加入网络的节点，通常以概率 P_2 被选中作为连接节点。因此，它们的边权和点权小于前三个节点，但比稍后加入的节点大。节点序号为 45 以后的节点通常以概率 P_3 被选中作为连接节点。大部分节点只有一条加入网络的连边，少数节点会被后加入的节点选中而增加连边。这些节点的边权和点权稍大于仅有一条连边的节点，但远小于早期加入网络的节点。

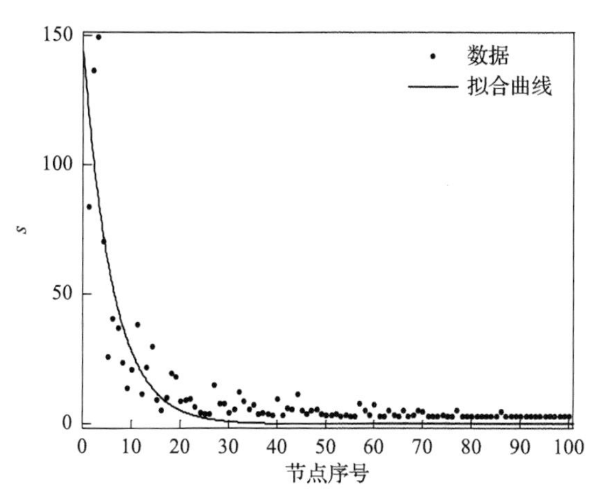

图 6-16　空闲状态网络节点点权指数分布

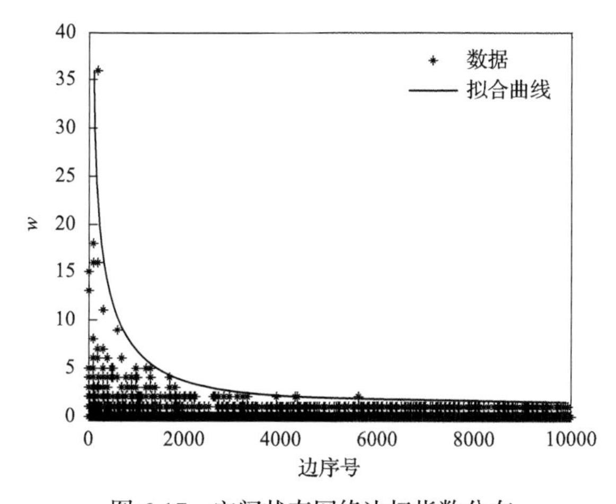

图 6-17　空闲状态网络边权指数分布

初始状态下，网络规模较小。在凌晨 0 点～6 点，大多数网络用户处于睡眠状态，因此网络的状态主要受这个时间段内活跃用户的行为影响。根据图 6-16 和图 6-17 中关于网络处于空闲状态的分析得出结论，这段时间内上网人数较少，每个人都会选择他们偏好的网络资源进行访问。从而导致部分活跃用户的网络行为产生了冗余流量，而大多数用户专注于少量资源，从而产生较少的冗余流量。模拟实验的拟合曲线验证了此时网络状态近似服从指数分布。

2. 拥塞状态

图 6-18 展示了网络在拥塞状态下的拓扑结构示意图。少数节点拥有大量的连边，而大多数节点的连接是有限的。图中结果表明，在拥塞状态下，网络表现出无尺度网络特征。图 6-19 和图 6-20 的统计特性进一步验证了网络的性质。图 6-19

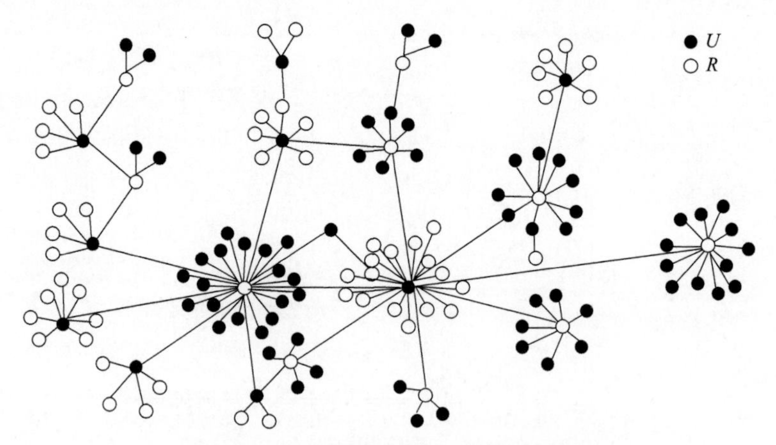

图 6-18　拥塞状态网络拓扑结构示意图

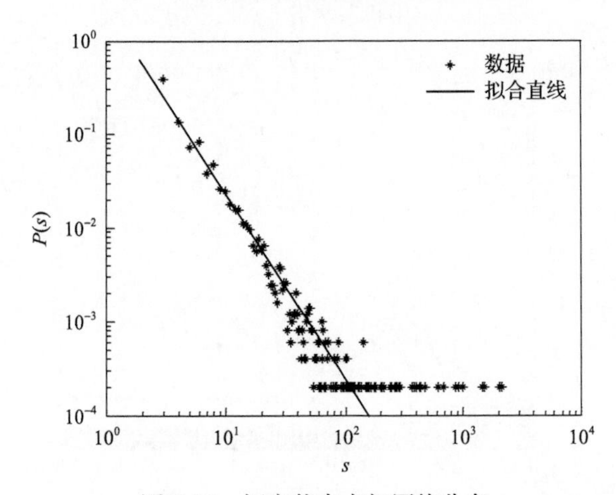

图 6-19　拥塞状态点权幂律分布

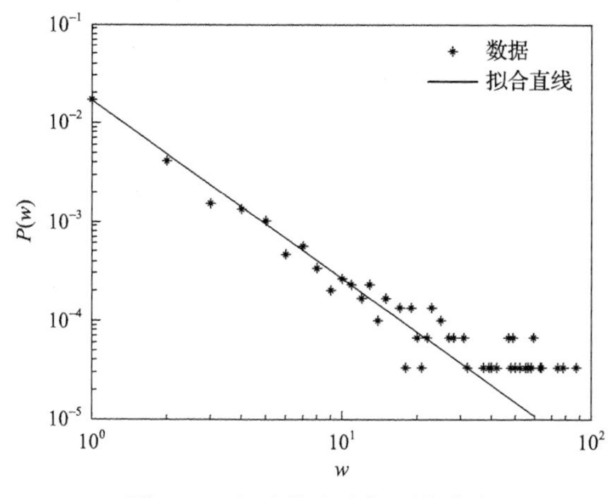

图 6-20　拥塞状态边权幂律分布

的横坐标表示节点的点权，而纵坐标表示相应点权的概率分布。图 6-20 的横坐标表示边权，纵坐标表示相应边权的概率分布。上述模拟实验的定性分析表明网络节点的边权分布和点权分布都服从幂律分布，进一步证实了拥塞状态下的网络是一个无尺度网络。

早上 7 点～晚上 21 点这个时间段，随着用户数量的增加和时间的推移，用户在应用层的偏好行为会对网络负载的均衡性产生影响，加剧了局部网络拥塞程度，造成网络性能的持续恶化，影响到整个网络系统，即为网络由空闲向拥塞状态转化的过程。上述情况造成了网络用户访问少部分热门资源而产生了大量的冗余流量，而访问大部分资源产生的冗余流量较少，在统计学中表现为典型的幂律分布特性。使用最小二乘法对用户节点点权进行拟合，得到的幂指数为 2.2，与式(6-59)的理论推导结果 $\gamma = 2.33$ 比较吻合。

3. 恢复到非拥塞状态

图 6-21 是由拥塞状态恢复到非拥塞状态的网络拓扑示意图。图中没有连边的孤立节点，表示网络中部分冗余流量被消除后，两个节点间的边权值变为 0，其连边则被移除。

图 6-22 中横坐标为节点序号，表示部分网络节点被移除后，剩余节点按加入到网络中的时间先后顺序排序，纵坐标表示节点的点权。图 6-23 中横坐标为边序号，代表部分网络节点被移除后，与之连接的边也随之被移除，网络中剩余边按照它们加入网络中的时间先后顺序进行排序，而纵坐标表示边权。在图 6-22 和图 6-23 中，网络节点的点权和边权都未展现出显著的统计特性，网络节点和连边呈现出毫无规律的状态，说明网络由拥塞状态恢复到非拥塞状态后，其变化表现为随机性。

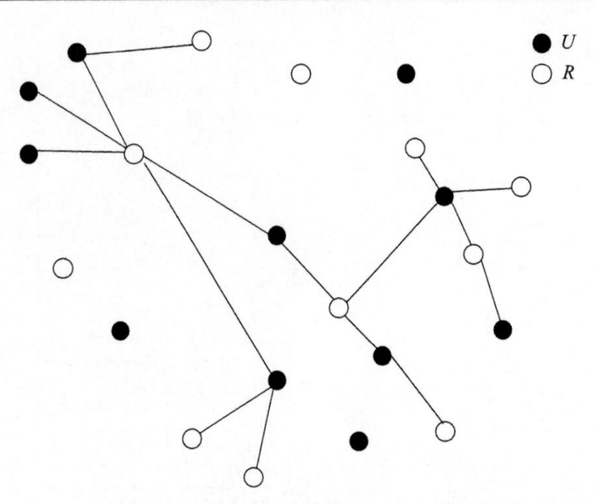

图 6-21　拥塞状态恢复到非拥塞状态后的网络拓扑示意图

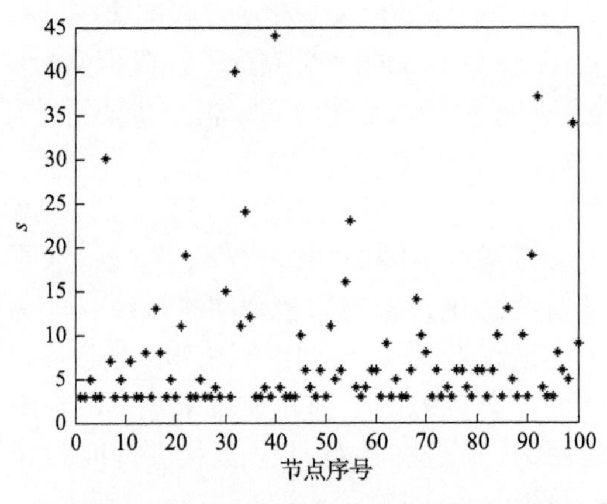

图 6-22　拥塞状态恢复到非拥塞状态后的点权随机分布

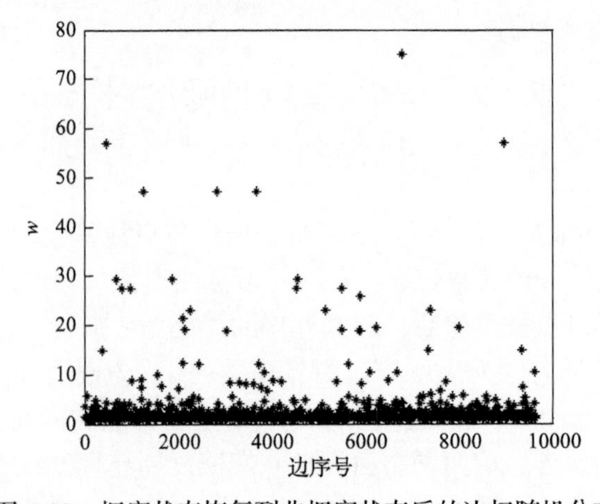

图 6-23　拥塞状态恢复到非拥塞状态后的边权随机分布

深夜 22 点～24 点这个时间段，用户数量急剧减少，由于冗余流量抑制和冗余流量消除的联合作用，网络中的冗余流量被大量消除，只有少量的冗余流量存在。此时，网络表现出不可预测性。图 6-22 和图 6-23 可以说明，网络由拥塞状态恢复到非拥塞状态后，节点分布特征会相应地改变。由此可见，消除冗余流量后的网络回归到了随机网络状态。

24 小时的时间周期变化仿真分析表明，在冗余流量的促进下，网络非线性动力学模型经历了由基于指数分布的随机模型向基于幂律分布的无尺度网络模型的演化过程，并最终在一定程度上回归为随机模型。

6.6　基于冗余负载路由的网络相变

随着网络信息量的增加和规模的扩大，网络拥塞成为一种常见的现象。造成网络拥塞的主要原因，除了网络节点产生和发送的大量数据流外，还与网络本身具有的某些性质相关，如节点处理数据包的能力、网络的带宽等。互联网中冗余流量的大量存在和不断累积，不仅消耗了巨大的网络带宽，同时加剧了网络拥塞的形成。本节引入冗余负载的概念来表示复杂网络路由传输中冗余部分的网络负载。

研究表明，网络的拓扑结构以及网络上的动态过程对网络性能的影响具有很大作用。当前研究主要从优化的角度设计更好的路由算法，实现网络传输效率的提高，其中最典型的路由策略就是最短路径路由算法。最短路径是指传输过程中经过的节点或边最少，以便数据包能最快到达目的节点。然而关于冗余负载的存在对网络性能的影响却鲜有研究。因此，研究在同一路由算法下，冗余负载对网络拥塞的影响以及网络相变点的迁移是非常有必要的。

6.6.1　网络相变基本概念

网络性能可以用整个网络对数据包的产生、传递和处理能力来衡量。每一个时间步长网络中生成的数据包数量可由数据包的生成速率 G 来表示。随着 G 的不断变大，当达到一个临界值时，网络便会有从空闲状态到拥塞状态的相变过程，通常用临界的数据包产生量 G_c 来度量。当网络中的数据包产生量达到临界值 G_c 时，网络状态就会发生从空闲状态到拥塞状态的连续相变。网络拥塞程度可以用参数 η 描述，即

$$\eta(G) = \lim_{t \to \infty} \frac{W(t)}{Gt} \tag{6-68}$$

其中，$W(t)$ 表示在 t 时刻网络中数据包的总个数。当 $G < G_c$ 时，网络中到达终点的数据包个数与产生的数据包个数几乎相等，此时 $\eta \approx 0$，网络处于稳定状态；当

$G > G_c$ 时，网络中到达终点的数据包个数小于产生的数据包个数，导致了网络拥塞的形成，数据包产生数量增加，η 值随之增大，此时 $0 < \eta \leqslant 1$，η 值越大，网络拥塞程度越明显。因此，可以认为 G_c 是网络由空闲状态向拥塞状态转变的相变点。图 6-24 表示从一种状态向另一种状态变迁的网络相变图。

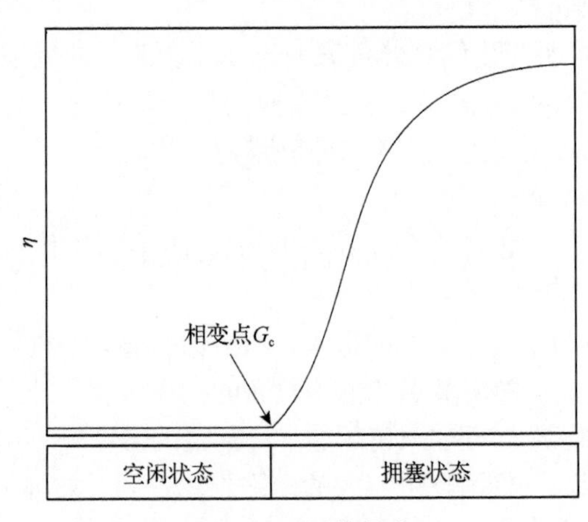

图 6-24　网络相变

6.6.2　冗余负载路由算法

在网络路由算法中，通常初始网络是无负载的，即负载率为 0，表示网络处于完全空闲状态。但在实际网络中，即使在空闲状态，由于网络中存在冗余流量，占用了一定的网络带宽，意味着网络的负载率基本不会等于 0。当网络中进行数据传输时，冗余流量的存在势必会加剧网络拥塞的形成。因此本节提出一种冗余负载路由算法。该算法的网络动态演化过程如下。

(1) 新数据包的生成。网络是从有负载开始的，即假设初始网络中存在冗余流量，并占用一定的网络带宽。每一个时间步内，网络中新生成 G 个数据包，并且从原始网络节点中随机选择若干个节点作为源节点和目的节点。

(2) 冗余负载的增加。若有多个数据包对应的源节点和目的节点是相同的，可认为传输的内容相同或相似，网络中有新的冗余负载形成。数据包经过路径的边权增加。

(3) 搜索目的节点。源节点传递数据包时，首先在其邻居节点中搜索是否存在目的节点，如果存在，则将数据包直接传输给目的节点，如果不存在，参照最短路径路由算法规则进行路由节点的选择，将最短路径上的邻居节点视为传输节点。若满足要求的路径和节点不唯一，随机选择其中一个节点进行传输，当数据包传输到源节点的邻居节点后，在这些节点的邻居节点中搜索是否存在目的节点，直到找到目的节点。

(4)数据包的传输。当数据包到达目的节点后，则从网络中移除。

算法中，首先假设网络是从有负载开始的。每个节点处理数据包的能力和网络的带宽均设置为一个特有的度量值。新的数据包产生后，被加入到源节点的尾端，且节点的队列长度是无限的。

下面介绍该算法中造成网络拥塞而形成网络相变的两个重要因素。

1. 节点处理数据包的能力

在网络中，节点传输信息流的能力存在差异，访问量较大的节点通常具有较强的数据包处理能力。若节点处理数据包的能力用 C 赋值，表示单个节点在单位时间内，最多能传输 C 个数据包到该节点的下一个路由节点。当其他节点传输来的数据包超过了该节点的最大处理能力时，将导致多余的数据包不被处理，并始终存在于网络中，加剧了网络拥塞的形成。

网络中节点的度反映了该节点在网络中的重要程度。在所有节点都具有相同的处理数据包的能力时，度越大的源节点，能够将数据包传输到目的节点的可能性越大、路径越短。

2. 网络带宽

网络中每条链路上的流量负载存在差异，部分链路由于负载均衡处于稳定状态，而部分链路由于负载过重引起拥塞。定义一条边 $(i,j)\in E$ ，其中 E 是网络中边的集合。链路的带宽设定为每一条链路传输数据包的数量，固定值为 B。设定网络带宽为 $f(i,j)$ ，冗余负载所占带宽为 $g(i,j)$ ，源节点 i 到达目的节点 j 传输数据包所占带宽为 $e(i,j)$ ，可用的通信带宽为 $h(i,j)=f(i,j)-g(i,j)$ 。若 $e<h$ ，则网络链路处于非拥塞状态，网络中能进行数据包的传输；反之，网络处于拥塞状态，数据包不能顺利到达目的节点。

6.6.3　仿真分析

资源节点和用户节点虽然是性质不同的两类节点，但在真实网络中，资源节点也可能是用户节点，如对等网络(peer-to-peer，P2P)。考虑到这个因素，在本节实验中，选取的网络模型为 BBV 加权无尺度网络，该网络可消除节点间的类别差异，实现节点之间的信息传输，其中网络规模 N=100。网络的边权表示网络中的冗余负载。在模型中不考虑带宽的具体单位，只赋予一个量化单位。边权的大小表示网络中冗余负载占用的网络带宽。另外，假设每一个数据包在传输时占用的网络带宽相等，且设定一个数据包占用网络带宽为量化值 1。实验中，对网络带宽为 10Mbit/s、100Mbit/s 和节点处理能力为 10 个/s、20 个/s 的多种组合进行仿真分析。

数据包传输过程的有效性可以通过统计网络中数据包总个数$W(t)$的变化情况进行分析。图 6-25 显示了不考虑冗余负载的情况下，在 BBV 加权无尺度网络模型中应用最短路径路由算法，数据包总个数$W(t)$随时间变化的关系，与每一个时间步内新的数据包的产生量G相关。当$G \approx G_c$时，$W(t)$在开始较短的时间内有所增加，随后长时间保持恒定(如图 6-25 中实线所示)。随着G不断增加，当$G > G_c$时，$W(t)$不再保持稳定，而是随着时间的增加不断增大(如图 6-25 中虚线所示)，最终导致网络严重拥塞。

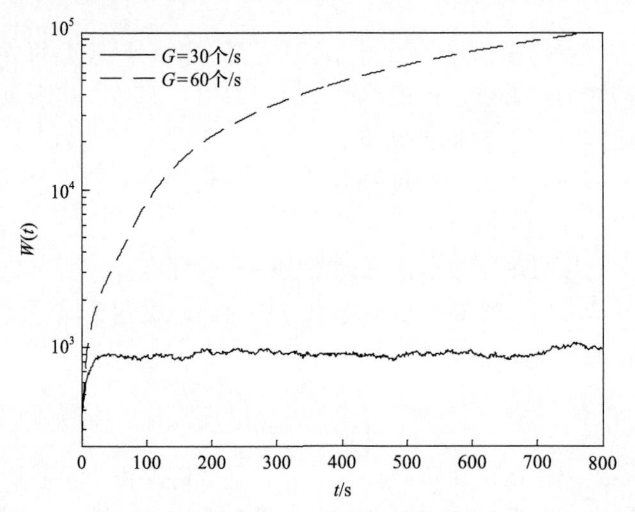

图 6-25　最短路径路由算法下，数据包总个数随时间变化的曲线

图 6-26 显示了在 BBV 加权无尺度网络中应用冗余负载的路由算法时数据包

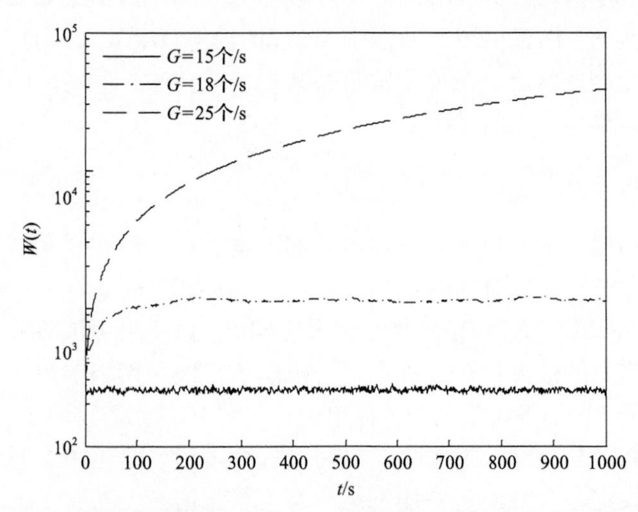

图 6-26　冗余负载的路由算法下，数据包总个数随时间变化的曲线

的变化情况。除了图 6-25 中的两种情况，还可以看出当数据包的产生量 G_a 较小时(如 $G_a=15$)，$W(t)$ 始终趋于恒定，此时的系统处于稳定状态，网络中新增的数据包数量和移除的数据包数量达到平衡。

由图 6-25 和图 6-26 可知，在 BBV 加权无尺度网络中，最短路径路由算法的 G_c 值大于冗余负载的路由算法，说明最短路径路由算法数据包的处理能力优于冗余负载的路由算法。但是最短路径路由算法只是理想状态下的一种算法，冗余负载的路由算法更贴近实际网络的应用，特别是含冗余流量网络的研究。

接下来分析节点处理能力和网络带宽不同时，冗余负载的存在对网络相变的影响。

如图 6-27 所示，当 G 值较小时，η 值不为 0，这是由于初始网络是从有负载的情况进行传输的，但 η 接近于 0，说明数据流传输量较少，网络处于稳定状态。

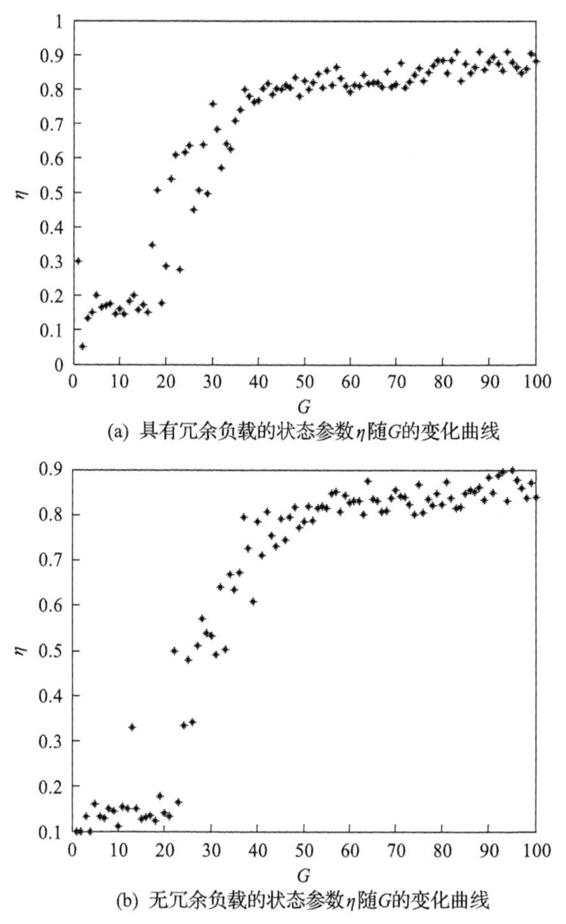

(a) 具有冗余负载的状态参数 η 随 G 的变化曲线

(b) 无冗余负载的状态参数 η 随 G 的变化曲线

图 6-27　节点处理能力为 10 个/s、网络带宽为 10Mbit/s 时，拥塞程度 η 随数据包产生速率 G 的变化曲线

当$G>G_c$时，η值迅速增加并收敛于小于 1 的值，说明网络始终未处于完全拥塞状态，网络中还可以进行数据传输，这与真实网络的情况相似。其中图 6-27(a)、图 6-27(b)分别表示网络中有无冗余负载的状态参数η随G变化的情况，图 6-27(a)中的网络相变值$G_c=17$，小于图 6-27(b)中的相变值$G_c=20$，说明冗余负载的存在会降低网络吞吐量。

图 6-26 显示的是节点处理能力为 10 个/s、网络带宽为 10Mbit/s 时，数据包个数随时间变化的曲线图。由图中的点画线可确定，在这种情况下，网络的相变点为 18，与图 6-27(a)中含冗余负载时的G_c值大致相同。从两个角度得到了相同的实验结果，进一步验证了冗余负载的路由算法的有效性。

图 6-28～图 6-30 分别显示了另外三种组合在不同节点处理能力和网络带宽

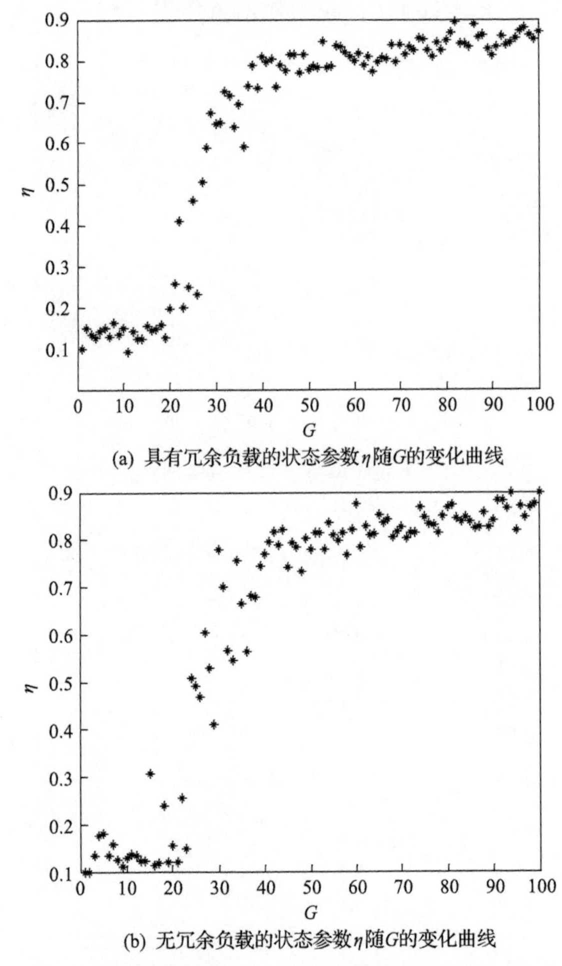

(a) 具有冗余负载的状态参数η随G的变化曲线

(b) 无冗余负载的状态参数η随G的变化曲线

图 6-28　节点处理能力为 10 个/s、网络带宽为 100Mbit/s 时，拥塞程度η随数据包产生速率G的变化曲线

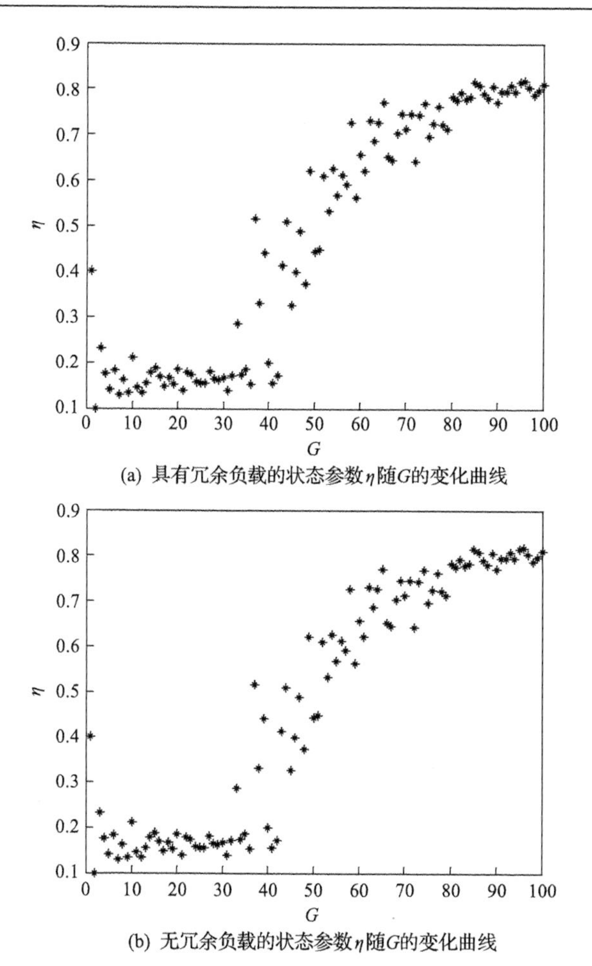

(a) 具有冗余负载的状态参数η随G的变化曲线

(b) 无冗余负载的状态参数η随G的变化曲线

图6-29　节点处理能力为20个/s、网络带宽为10Mbit/s时，拥塞程度η随数据包产生速率G的变化曲线

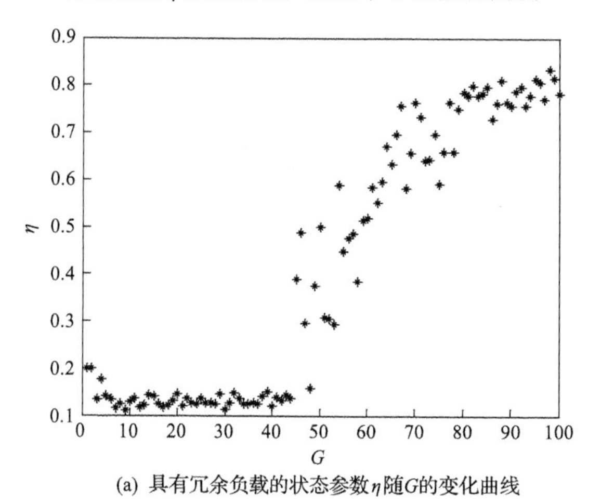

(a) 具有冗余负载的状态参数η随G的变化曲线

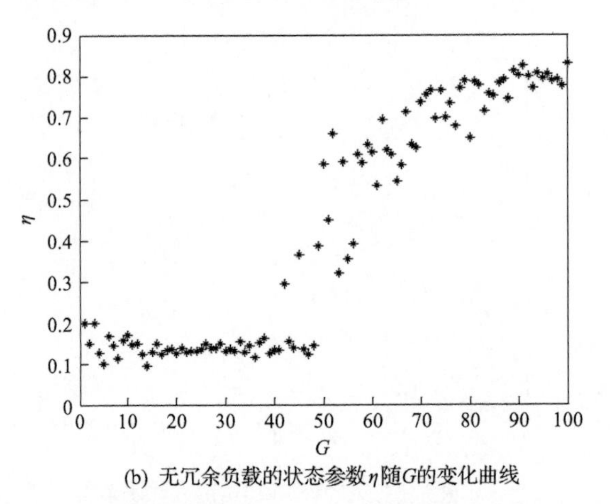

(b) 无冗余负载的状态参数η随G的变化曲线

图 6-30　节点处理能力为 20 个/s、网络带宽为 100Mbit/s 时，拥塞程度η随数据包产生速率G的变化曲线

的限制条件下，有、无冗余负载两种情况下，拥塞程度η随数据包产生速率G变化的仿真曲线。如图 6-28～图 6-30 所示，与图 6-27 中数据进行比较，相变前的η值大致相同且接近于 0；更改条件后，网络处于极度拥塞时的η值有所改变，相比于图 6-27 中节点处理能力为 10 个/s、网络带宽为 10Mbit/s 时，拥塞程度η的最大取值为 0.9，后 3 组数据η的最大取值近似为后两组数据，说明增强网络的性能即提高节点处理能力和带宽，可以对网络拥塞情况起到一定的优化作用。

从表 6-2 中可以看出，随着网络性能的增强，网络的相变值点也会逐渐增大。无冗余负载时的网络相变值大于有冗余负载时的情况。节点处理能力一定、带宽不同时，第 1、2 组数据有无冗余负载时的网络相变值变化较小，造成这种情况的原因可能有两个：原因一，由于节点处理能力较差，随着数据包的不断传输，大部分节点新到达的数据包数量超过了节点的最大处理数据包数量，从而导致多余数据包不能被处理，导致了网络的迅速拥塞；原因二，BBV 加权无尺度网络是一个随机网络，部分权值较大的边已经占用了很大的网络带宽，同时网络中数据包的传输也在不断占用网络带宽，因而网络可用带宽越来越少，导致网络开始拥塞。增大节点的处理能力，如第 3、4 组所示，网络相变值的变化程度会有所增大；带宽一定、节点处理能力不同时，网络相变值均有较大幅度的改变，说明具有较大处理能力的节点能够更有效地处理网络中的数据流，这与度值大的节点具有更大的处理能力的结论相符合。但在无尺度网络中，处理能力大的节点数量很少，而处理能力小的节点占绝大部分，网络行为产生了大量的流量负载，同时冗余负载不能得到有效消除，网络拥塞开始形成。说明无尺度网络的拓扑结构特征对网络性能的影响很大。

表 6-2　网络相变值

组序	性能	条件	相变值/(个/s)
1	节点处理能力为 10 个/s，网络带宽为 10Mbit/s	有冗余负载	17
		无冗余负载	20
2	节点处理能力为 10 个/s，网络带宽为 100Mbit/s	有冗余负载	20
		无冗余负载	23
3	节点处理能力为 20 个/s，网络带宽为 10Mbit/s	有冗余负载	38
		无冗余负载	45
4	节点处理能力为 20 个/s，网络带宽为 100Mbit/s	有冗余负载	45
		无冗余负载	50

在该类网络中，节点处理能力的大小对网络相变的影响大于网络带宽的作用。但是这并不能说明实际网络中网络带宽对网络性能的作用小，原因是有较大边权值的边更容易引起网络拥塞，这与互联网上热点资源会吸引更多点击量的情况类似。在带宽有限，网络流量不断增加的情况下，冗余流量的存在影响着网络数据包的传输。

节点处理能力和网络带宽是形成网络拥塞的两个直接影响因素，除此之外，在无尺度网络中，网络结构对数据包的传输也有很大影响。文献[17]中假设节点处理数据包的能力相同且取固定值 C=10 个/s，在静态局部的网络传输过程中，度值较小的节点传输数据包会提升网络的传输效率。文献[18]假设节点的处理能力与该节点的度值成正比，发现度值较大的节点同时具有较大的处理数据包的能力。本节虽然采用了节点处理能力相同且固定的性能特征，但在无法确定网络中最短路径的信息时，考虑到度值较大的节点在局部网络中具有更多的连边选择来进行数据传输，在一定程度上缓解了网络拥塞，这也与真实网络的传输情况相符。

在网络从空闲状态向拥塞状态变化过程中，大量度值较小的节点被加入到网络中，由它们产生的冗余流量急剧增加，超过了网络节点特别是度值大的节点的处理和消除能力，从而不断加剧了网络拥塞程度。当网络由拥塞状态向非拥塞状态转变时，网络中度值较小的节点被大量移除，网络规模变小，此时中央节点能够有效地处理和消除网络中的冗余流量，网络又恢复到稳定状态。揭示了网络由拥塞状态向非拥塞状态变化时，由服从幂律分布的无尺度网络向完全随机网络的迁移，说明了网络的无尺度拓扑特征同样对网络的动力学模型迁移有重要的影响。

将数据包产生速率 G 按照间隔区间为 5 进行采样，重新绘制图 6-27～图 6-30，得到图 6-31。

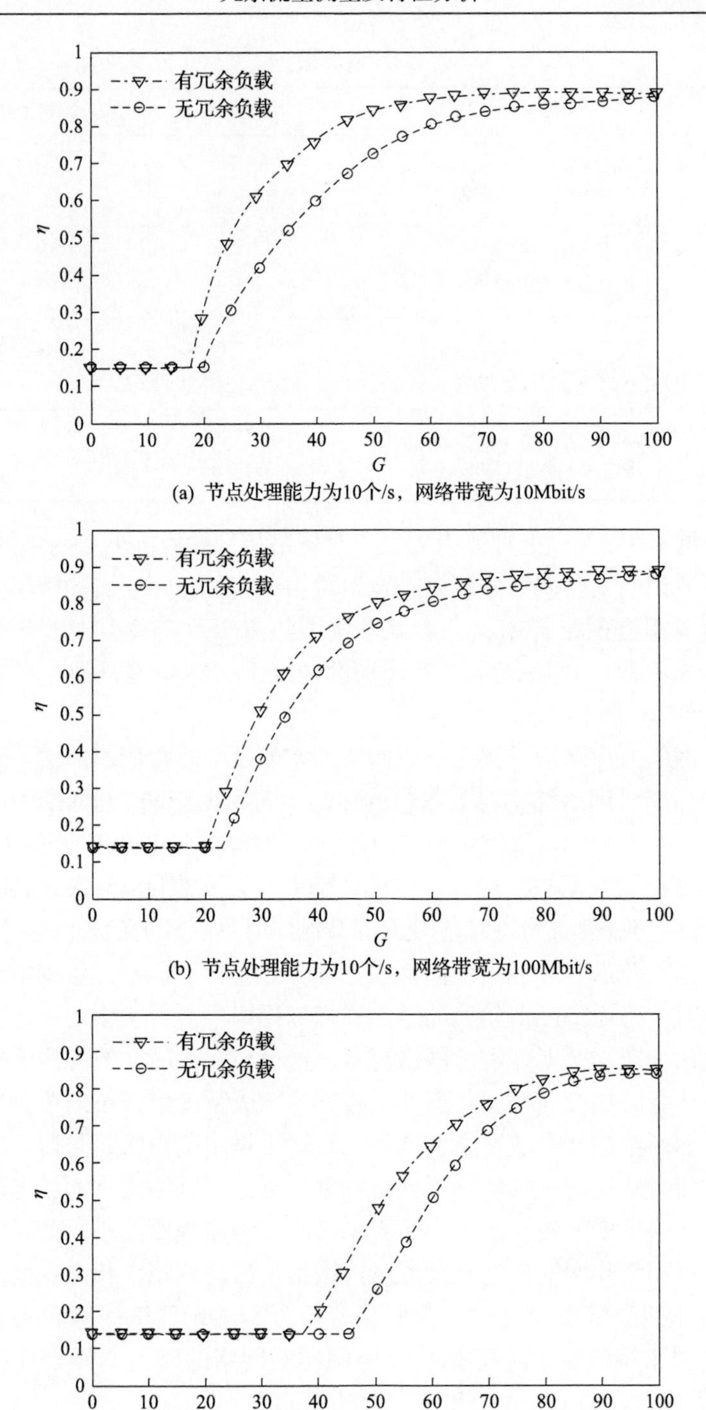

(a) 节点处理能力为10个/s，网络带宽为10Mbit/s

(b) 节点处理能力为10个/s，网络带宽为100Mbit/s

(c) 节点处理能力为20个/s，网络带宽为10Mbit/s

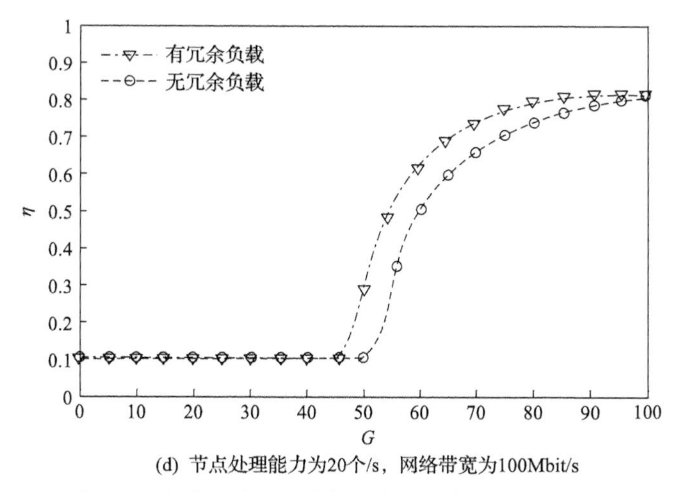

(d) 节点处理能力为20个/s，网络带宽为100Mbit/s

图6-31　拥塞程度η随数据包产生速率G的变化关系

从图6-31中可以看出，冗余负载的存在使得网络相变点明显左移，并且在相变点之后，有冗余负载的拥塞程度η随数据包产生速率G的变化曲线始终在无冗余负载的变化曲线上方，说明网络中冗余负载的存在，是加剧网络拥塞形成的一个重要原因。

综上，节点处理能力和网络带宽共同影响了网络传输的性能，而冗余负载的存在促进了网络拥塞的形成。网络系统从空闲状态向拥塞状态的转变过程经历了一个临界状态，临界状态正是系统转变时刻的特征，在这个临界时刻，网络由一种相转变为另一种相，网络相变由此出现。因此，网络相变与网络的自组织临界现象密切相关，网络拓扑结构特征影响了网络动力学模型的迁移。

参考文献

[1] Erdos P, Renyi A. On the evolution of random graphs. Publications of the Mathematical Institute of the Hungarian Academy of Sciences, 1960, 5(1): 17-60.

[2] Barabási A L, Albert R. Emergence of scaling in random networks. Science, 1999, 286(5439): 509-512.

[3] Boers N, Goswami B, Rheinwalt A, et al. Complex networks reveal global pattern of extreme-rainfall teleconnections. Nature, 2019, 566(7744): 373-377.

[4] 夏昊, 王洋, 狄增如, 等. 对北大Maze网基于复杂网络理论的实证研究. 北京师范大学学报(自然科学版), 2010, 46(5): 647-650.

[5] Gong Z P, Guaita T, Cirac J I. Long-range free fermions: Lieb-Robinson bound, clustering properties, and topological phases. Physical Review Letters, 2023, 130(7): 070401.

[6] Watts D J, Strogatz S H. Collective dynamics of "small-world" networks. Nature, 1998,

393(6684): 440-442.
[7] 马永军, 杜禹阳, 蔡润身. 可调节聚类系数的BBV网络舆情传播模型研究. 情报科学, 2019, 37(11): 34-37, 93.
[8] Gao H Y, Tao X, Shen X Y, et al. Dynamic scene deblurring with parameter selective sharing and nested skip connections//2019 IEEE/CVF Conference on Computer Vision and Pattern Recognition, Long Beach, 2019: 3843-3851.
[9] Barrat A, Barthélemy M, Vespignani A. Weighted evolving networks: coupling topology and weight dynamics. Physical Review Letters, 2004, 92(22): 228701.
[10] 王瑜, 李有文, 焦毅航, 等. 基于择优连接和随机连接的协作通信网特性分析. 中北大学学报(自然科学版), 2017, 38(1): 60-65, 71.
[11] 吴亚晶, 张鹏, 狄增如, 等. 二分网络研究. 复杂系统与复杂性科学, 2010, 7(1): 1-12.
[12] Kim D, Singh K P, Choi J. Learning architectures for binary networks//The 2020 European Conference on Computer Vision, Glasgow, 2020: 575-591.
[13] 郑杰, 曹华军, 李洪丞, 等. 基于云平台的制造资源智能匹配方法研究及应用. 计算机集成制造系统, 2022, 28(12): 3747-3757.
[14] Ramasco J J, Dorogovtsev S N, Pastor-Satorras R. Self-organization of collaboration networks. Physical Review E, 2004, 70(3): 036106.
[15] 张佳慧, 张婷, 吕来水, 等. 基于加权投影的二分网络的链路预测. 计算机应用与软件, 2021, 38(3): 264-268, 297.
[16] Davis D, Lichtenwalter R, Chawla N V. Multi-relational link prediction in heterogeneous information networks//2011 International Conference on Advances in Social Networks Analysis and Mining, Kaohsiung, 2011: 281-288.
[17] 汪玲, 王剑. 基于异质结构的复杂交通网络拥塞分析. 交通运输系统工程与信息, 2012, 12(2): 119-125.
[18] Wang W X, Wang B H, Yin C Y, et al. Traffic dynamics based on local routing protocol on a scale-free network. Physical Review E, 2006, 73(2): 026111.

第 7 章　冗余流量消除方法

本章介绍基于分组特性的冗余流量消除方法，使用滑动窗口来检测数据块分界点，并以冗余流量消除贡献度大的数据包载荷大小作为阈值，将数据块分割成多个载荷分块，针对每个分块进行指纹计算。该方法不仅能提高分块的稳定性，而且能够减少服务器端和客户端的存储资源，进一步提升冗余流量消除的有效性。

7.1　冗余流量消除系统架构

PIRE 方法通过编码输出的数据包代替具有固定大小的冗余数据块来进行冗余流量消除。在客户端路由器中，接收到的数据包利用编码数据包的指针信息，从接收到的数据包中替换被编码的原始数据包，以此来实现数据重建。数据包级别的冗余流量消除方法依赖部署在每个网络路径端设备的数据缓存和指纹表来实现。通常情况下，冗余流量消除方法总是假设服务器端和客户端的数据包缓存是同步的。

一个典型的 PIRE 方法实现过程如图 7-1 所示[1]。对于每个特定方向的数据包，冗余流量消除方法对数据包的每个块都用哈希算法[2]来计算指纹，其中每个块是数据包载荷的子字符串。由于受到指纹表大小的限制，只有指纹集的子集才能够通过某种方式被选为代表指纹。代表指纹和数据包缓存中用来计算指向块位置的指针都被存储在指纹表里。每个代表指纹都需要通过核对指纹表中的指纹来匹配数据缓存中的数据块。如果匹配的块能够在数据包缓存中找到，那么原始的数据块就用一个元数据[3]来代替。元数据信息包括指纹和描述指纹块的范围，范围信息具体包括数据块之前和数据块之后的用于计算指纹的冗余字节数量。在实际测量和统计中，元数据的大小远远小于原始数据块的大小。在本章实验中，如果两个数据块被检测为重复的数据块，则用元数据来替换最初的冗余数据块，再对数据包进行编码。当另一端的路由器接收到这个编码的数据包时，它能够通过接收端的指纹表、数据包缓存和元数据信息来重建原始的数据包。

基于数据包的 PIRE 过程如图 7-2 所示，包含五个部分：指纹计算、建立和查找索引、储存数据块、数据块编码和数据块解码。指纹计算，也称为数据块选择，有利于识别数据包内和数据包之间的冗余数据块。对于每一个在特定方向的数据包，都会对数据包中的每个数据块进行哈希计算[4]来得到指纹，然后选择这些

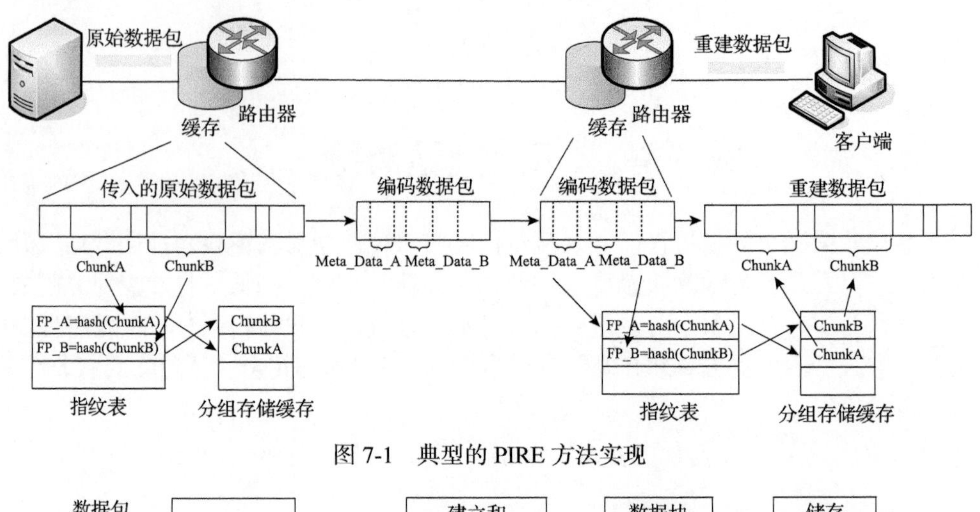

图 7-1　典型的 PIRE 方法实现

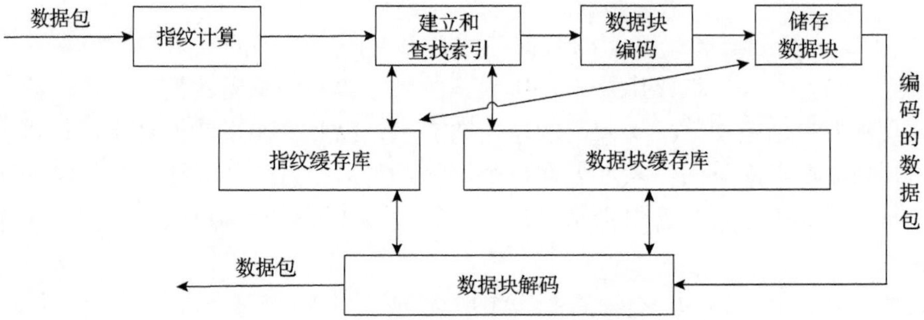

数据包
指纹计算
建立和查找索引
数据块编码
储存数据块
编码的数据包
指纹缓存库
数据块缓存库
数据包
数据块解码

图 7-2　基于数据包的 PIRE 过程

指纹的一个子集作为代表指纹。在建立和查找索引阶段，每个代表指纹会核对指纹表。如果一个指纹已经存储在指纹表中，那么一个冗余块就被确定，并且它在数据包缓存中相对应的位置也能够通过指纹表中的位置信息来存储。因此，建立和查找索引阶段包含两个部分：一个是在指纹表中查找指纹；另一个是在数据包缓存中查找冗余块。如果在到达的数据包中有一个或者多个冗余块，将对这个数据包进行编码，用冗余块相对应的描述来替换每个被识别的冗余块。最终，在数据包缓存中插入新的数据包，同时它的代表指纹也被索引和存储在指纹表中。数据块解码是数据块编码的反操作，通过使用数据包携带的元数据和从数据包缓存中检索的数据块，来重建原始数据包。

7.2　冗余流量消除过程分析

PIRE 的目标是快速地从数据包中识别冗余块，因此其关键步骤是对包含冗余内容的数据包进行分块。对每个数据包分块的指纹进行存储将导致每个字节的数据包都生成一个索引，从而造成巨大的存储开销。在实际情况中不可能做到，以下是对一些典型指纹选择算法[4]的回顾。

7.2.1　指纹选择算法

1. 基于固定长度分块的指纹选择算法

基于固定长度分块(fixed-size chunking)[5-9]的指纹选择算法(FIXED 算法)通过对数据包载荷的每 p 字节进行一次计算来生成指纹，并从这些指纹中选择一些指纹作为代表指纹，算法的实现方式如图 7-3 所示。FIXED 算法中代表指纹的选取不是基于内容，而是基于指纹在数据包载荷中的位置。此算法不仅能实现采样周期为$1/p$的目标，而且可以保证数据块没有重叠。FIXED 算法对网络流量的细微修改表现出敏感性，即便是一个字符插入到数据包载荷中，也会影响到代表指纹的选取。例如，一个字符插入到两个数据块之间，此时指纹选取可能会发生错乱，因为新插入字符的数据包载荷计算出来的指纹已和之前的指纹不同，所以被插入的数据块就不是重复的数据块，从而不能被检测出来。因此，相对于其他基于内容的抽样算法而言，FIXED 算法无法准确地识别网络流量的细微变化。

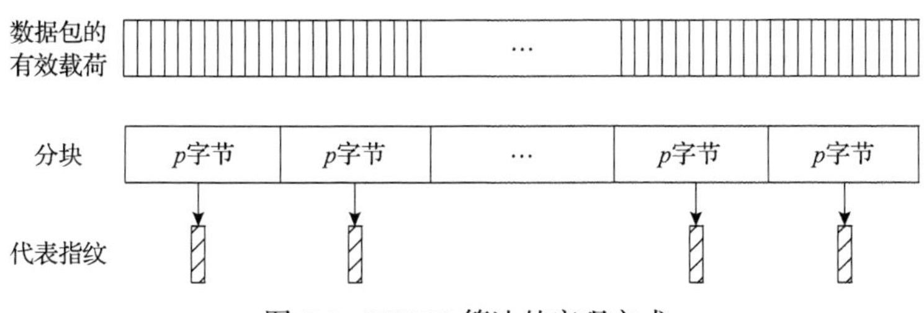

图 7-3　FIXED 算法的实现方式

2. 基于模运算的指纹选择算法

基于模运算的指纹选择算法被用在 PIRE 技术中。该算法之所以被称为基于模运算的指纹选择算法，是因为算法涉及去模运算，并且算法的数据分块和采样周期的概率都是$1/p$，如图 7-4 所示，它的基本流程是基于 Rabin 移位指纹算法计算过程[10]。算法首先对载荷中所有连续的 w 字节计算指纹，即对第一个 w 字节计算指纹之后，滑动窗口向前滑动 w 字节，并计算新位置的指纹。如果数据包载荷的总长度为 a，那么将得到 $a-w+1$ 个数据块的指纹。其次将这些指纹和 p 相除，若余数为 0，那么相应的指纹就作为代表指纹。

算法的优点是能够灵活地应对数据包载荷的少量修改。但该算法存在明显的缺点，首先是代表指纹的选取不均匀，其次，能够被检测到的重复数据块数量有限，并总是集中在满足预设条件的指纹值附近。

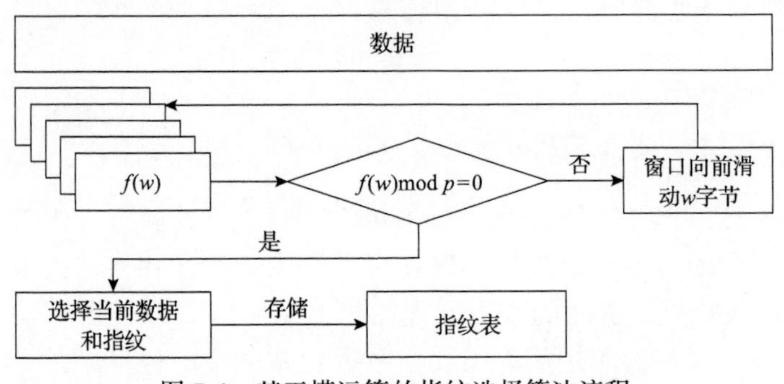

图 7-4　基于模运算的指纹选择算法流程

3. 基于筛选的指纹选择算法

为了提高基于模运算的指纹选择算法在选取指纹时的均匀分布，通过对数据流进行筛选来实现[11]。基于筛选的指纹选择算法(Winnow 算法)通过跟踪一个滑动窗口来计算指纹序列，并明确选择指纹局部滑动窗口的最大值或最小值，以确保在每个特定的数据包中至少有一个指纹被筛选[12]。在 Winnow 算法中两个相邻选择指纹之间的距离基本相同，并总是有界的。该算法的最大特点在于寻找最大或最小指纹时需要额外的计算开销，因此它的速度较慢。

4. 基于最大值优先的指纹选择算法

基于最大值优先的指纹选择算法(MAXP 算法)，如图 7-5 所示[13]。首先将数据包载荷分块成固定的长度，然后在这些固定长度中选择数值最大的字节，从该字节开始选择 w 个连续的字符串来计算其指纹。

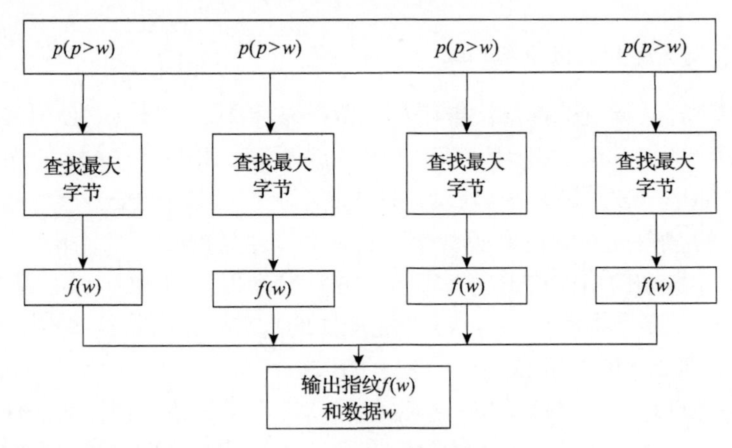

图 7-5　MAXP 算法流程

MAXP 算法有如下优点：

(1) MAXP 算法减少了字符串指纹计算量，没有对载荷所有的 w 个连续字符串计算指纹；

(2) MAXP 代表指纹的选择相对均匀，能检测到的重复数据块不局限于代表指纹块的附近。

5. 基于查找表的指纹选择算法

基于查找表的指纹选择算法(SAMPLEBYTE 算法)符合 FIXED 算法的筛选数据包分块机制，SAMPLEBYTE 算法的描述如算法 7-1 所示[14]。该算法基于数据包载荷中的冗余字节进行选择。需特别说明的是，这种算法需预先设置查找表，该表有特定的预定义值。查找表在构建完成后不可被修改，其中包含了各种不同的数据和它们对应的键值或索引。SAMPLEBYTE 算法使用冗余字符概率最大值来选择数据标识。与 FIXED 算法相同，SAMPLEBYTE 算法逐字节扫描数据包的有效载荷，如果字节的数据值在查找表中，那么这个字节数据就被识别为数据包标识。当收到一个 w 字节的数据包时，该算法从已识别数据包标识开始的数据包中进行选择，并使用 Jenkins 哈希算法筛选出来的数据包计算出指纹，将该指纹存储在指纹表中。每个标记选择之后，会有 $p/2$ 字节的内容被跳过，从而在字节数据内容分布不均匀时避免过度采样。

算法 7-1　SAMPLEBYTE 算法

```
1: //假设  len ≥ w ;
2: //查找表 LOOKUPTABLE [i] 将字节值 i 映射到 0/1;
3: //函数 Jenkins Hash ()计算 w 字节窗口上的哈希值;
4: SAMPLEBYTE (data,len)
5: for  i = 0;i < len − w;i + +  do
6:   if (LOOKUPTABLE  [data[i]] == 1 ) then
7:      数据分段 data[i : i + w − 1] 被选择;
8:      指纹特征 fingerprint = Jenkins Hash (data[i : i + w − 1]) ;
9:      将指纹特征 fingerprint 存储在列表中;
10:     i = i + p / 2 ;
11:   end if
12: end for
```

6. 基于动态查找表的指纹选择算法

在基于查找表的指纹选择算法中，查找表是静态的，且要求对实验数据进行预配置。SAMPLEBYTE 算法的延伸是 DYNABYTE(dynamic SAMPLEBYTE)算法，它是一种自适应的自配置算法。DYNABYTE 算法与 SAMPLEBYTE 算法的区别在于，它能够利用动态且自适应的机制来更新查找表，此外，它还能够确保达到查找表更新所需的采样率。为了不断地更新查找表，DYNABYTE 算法至少需要更新 2 个参数，一个是选定的块数量，另一个是字节频率。有了字节频率的存在，DYNABYTE 算法才能定期更新查找表并跟踪实际的采样率。若 DYNABYTE 算法过采样或欠采样，则通过调整跳过字节数，以及设置在查找表中的条目数量来调节实际采样率，以达到所需的采样值。

7.2.2　匹配算法

适用于 PIRE 方法的指纹匹配算法主要有两种，分别为块匹配算法和最大匹配算法。在块匹配算法中，如果代表一个指纹的字符串在该库中有匹配，则该连续字节的字符串被视为一个重复数据块。在最大匹配算法中，如果在指纹库中找到匹配的字符串，需要向左和向右同时拓展，如图 7-6 所示。这样能克服块匹配中可能错过的相似区域，但代价是需要消耗更多的时间(t)和空间(l)来进行逐个字节地左右拓展匹配。

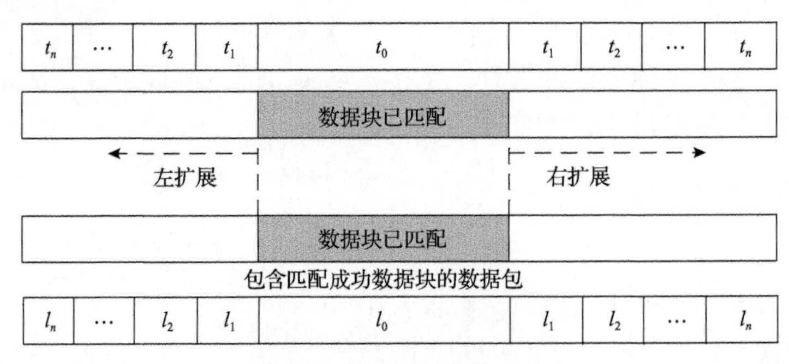

图 7-6　最大匹配算法示意图

在块匹配算法中，服务器端只需要部署指纹库，客户端只需要部署数据块库，当服务器端匹配成功时，只需要通知客户端数据块库的具体位置并进行恢复即可。在最大匹配算法中，服务器端需要部署数据包库和指纹库，在客户端需要部署数据包库。当服务器端匹配到了重复的数据块时，需要将匹配长度和起始位置这两个参数替换成相应的数据块内容，这样匹配的大部分工作都集中到了服务器端，从而简化了客户端的操作。相比于块匹配算法，最大匹配算法的部署更加依赖强大的服务器性能。具体选用什么样的匹配算法，需要视具体网络环境而定。

7.2.3　冗余流量缓存策略

受指纹库存储大小的限制，不能无限制地保存匹配成功的数据块和指纹，所以需要选择一定的策略对数据块缓存库和指纹库进行管理。常用的缓存策略有以下三种：先进先出(first in first out，FIFO)策略[15]、最近访问(least recently used，LRU)策略[16,17]和最近访问频率(least frequently used，LFU)策略[18]。LRU 策略的理论基础是时间和空间的局部性原理，当需要新的空间来缓存新的内容时，将距离上次访问时间最长的对象替换掉。LFU 策略是基于频率的缓存替换策略，当有新的内容需要被添加入缓存时，总是替换掉访问频率最低的对象。

7.2.4　解码错误恢复

冗余流量消除解码错误恢复[19]的定义为：网络拥挤或传输错误，导致传输数据包完整性缺失，冗余流量难以消除编码数据包和重新编码元数据。大多数 PIRE 方法中解码错误恢复方法都是利用网络重新传输丢失的数据包。有如下几种 DRE 方法的解码错误恢复方法[20]，如重传机制方案、确认字符(acknowledge character，ACK)Snooping、Informed Marking 和 Post ACK caching 等。

(1)重传机制方案。在重传机制方案中，引入了重传解码错误恢复机制，使得接收方在高速缓冲存储器中发生数据包丢失的情况下，向发送方请求重新传递丢失的数据包。当数据包丢失时，具备重传解码错误恢复机制的 DRE 基本实现与没有数据包丢失时相同的宽带节省，但需要消耗额外的宽带资源，特别是在高丢包环境中。这意味着在高丢包情况下，重传解码错误恢复机制需要更多的宽带资源来恢复丢失的数据包，从而增加了网络负担。

(2)ACK Snooping。基于解码错误恢复机制的 ACK Snooping 依赖于传输协议正确接收数据包的反馈确认，如 TCP。采用 ACK Snooping 方法时，服务器需要维护数据包的黑名单，黑名单是在未经确认时间内传输的数据包。ACK Snooping 方法能够快速地找出丢失的数据包，并将 DRE 缓存率在没有附加反馈的情况下减小到零。

(3)Informed Marking。在基于解码错误恢复机制的 Informed Marking 方法中，客户端会通过散列的丢失数据包通知发件人，服务器端会将对应的数据包放入客户端缓存中的丢失数据包黑名单中，并且在未来的 DRE 编码中，忽略与该黑名单数据包匹配的任何冗余块。Informed Marking 将 DRE 解码错误率降低到一般的网络丢包率，因为丢失的数据包最多有一次机会唤醒 DRE 解码错误。不同于 ACK Snooping，Informed Marking 能与各种传输协议相兼容，如 TCP、UDP 等。另外，当没有分组丢失或当丢失的数据包不使用 DRE 编码时，它不会引入来自接收方的任何不必要反馈。

(4)Post ACK caching。其基本原理是在数据包发送后立即进行 ACK 确认，并将已确认的数据包缓存起来，以备后续需要时进行重传或重新编码。在基于解码错误恢复机制的 Post ACK caching 方法中，数据发送方将数据包传输到接收方，一旦接收方成功接收到数据包，它会立即向发送方发送确认信号，通知发送方数据包已经到达；紧接着，发送方接收到接收方的确认后，将已发送的数据包缓存起来，不会立即删除。这样，即使发送方后续发现某些数据包丢失，仍然可以通过缓存的数据包进行重传或者重新编码。发送方会定期检测数据包的传输情况，如果发现某些数据包未收到确认，说明它们可能遭遇了丢失或传输错误，就会使用缓存的数据包进行重传或重新编码，以确保数据的完整性和可靠性。通过使用Post ACK caching方法，发送方可以在数据传输过程中及时地发现和处理传输错误，提高了数据传输的可靠性和稳定性。

7.3　基于滑动窗口分块的冗余流量检测

本节通过某校园网的实测数据对冗余流量进行检测和性能分析。校园网采用环形和星形相结合的网络拓扑结构[21]，上网计算机通过各个院系大楼接入相应楼宇的汇聚交换机，再通过汇聚交换机直接连到核心交换机。核心交换机与中国教育和科研计算机网CERNET、中国电信等网络连接。

7.3.1　数据信息捕获

在实验中，使用了现有的某网络数据采集工具[22]（本章简称“该工具”）。该工具是全球范围内广泛应用的网络数据包分析软件。它的功能包括捕获网络数据包并以尽可能详细的方式展示网络数据包的信息。实验中在流量采集主机上安装并运行该工具，软件界面如图7-7所示。

```
463091 39.076067   61.139.101.5      202.115.167.212   TCP    [TCP Previ
463092 39.076071   202.115.167.139   125.89.72.229     HTTP   [TCP ACKed
463093 39.076074   202.115.163.60    125.67.240.108    UDP    Source port
463094 39.076078   202.115.167.210   125.69.38.113     UDP    Source port
463095 39.076081   222.240.58.32     202.115.167.135   UDP    Source port
463096 39.076085   219.234.93.89     202.115.167.207   ICMP   Destination
463097 39.076091   202.115.167.135   121.14.44.95      UDP    Source port
463098 39.076094   61.139.101.5      202.115.167.212   TCP    [TCP Previ
463099 39.076497   124.114.65.161    202.115.163.100   UDP    Source port
463100 39.076501   124.114.65.161    202.115.163.100   UDP    Source port
463101 39.076505   125.106.67.32     202.115.163.84    TCP    6642 > 421

⊞ Frame 463094 (431 bytes on wire, 96 bytes captured)
⊞ Ethernet II, Src: Cisco_ce:43:ff (00:08:a3:ce:43:ff), Dst: Jetcell_a7:75:0a (00:d0:2b:a7:75:0a)
⊞ Internet Protocol, Src: 202.115.167.210 (202.115.167.210), Dst: 125.69.38.113 (125.69.38.113)
⊞ User Datagram Protocol, Src Port: 61873 (61873), Dst Port: ewall (1328)
⊟ Data (54 bytes)
    Data: B032E74C3C52906FE56F7040DBA3B95AEDDF8ACD9237B99C...
    [Length: 54]

0000  00 d0 2b a7 75 0a 00 08  a3 ce 43 ff 08 00 45 00   ..+.u... ..C...E.
0010  01 a1 85 bd 00 00 3e 11  df 92 ca 73 a7 d2 7d 45   ......>. ...s..}E
0020  26 71 f1 b1 05 30 01 8d  a3 0c b0 32 e7 4c 3c 52   &q...0.. ...2.L<R
0030  90 6f e5 6f 70 40 db a3  b9 5a ed df 8a cd 92 37   .o.op@.. .Z.....7
0040  b9 9c d3 c7 6c 4e 5d 4a  d7 e2 2c 82 cb 28 25 05   ....lN]J ..,..(%.
0050  49 ad 61 fa aa f3 62 8f  6f 81 c8 c1 32 d4 93 af   I.a...b. o...2...
```

图7-7　某网络数据采集工具软件界面

该工具抓包结果显示窗口被分成三部分：最上方为数据包列表，用来显示捕获的每个数据包信息；中间部分为协议树，用来显示选定的数据包所属协议信息；最下方是以十六进制形式表示的数据包内容，用来显示数据包在物理层上传输时的最终形式。

使用该工具可以很方便地对捕获的数据包进行分析，包括该数据包的源地址、目的地址、所属协议等。

在如图 7-8 所示的数据包列表中，第一列是编号(如第 1 个包)，第二列是捕获时间(如 0.000000)，第三列 Source 是源地址(如 115.155.39.93)，第四列 Destination 是目的地址(如 115.155.39.112)，第五列 Protocol 是数据包使用的协议，第六列 Info 是一些其他的信息，包括源端口号和目的端口号(如源端口号：58459，目的端口号：54062)。

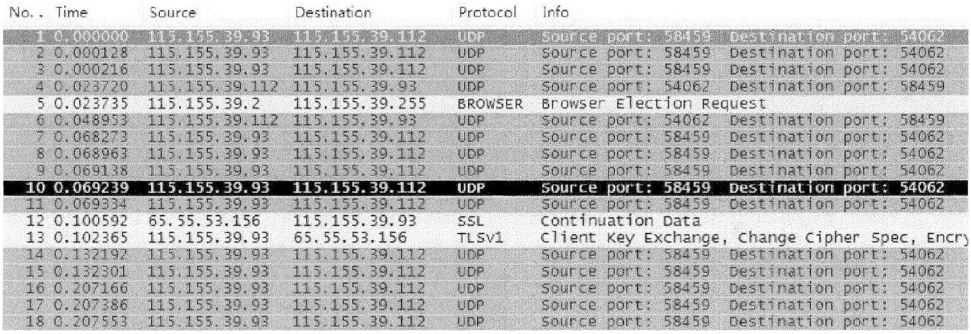

No.	Time	Source	Destination	Protocol	Info
1	0.000000	115.155.39.93	115.155.39.112	UDP	Source port: 58459 Destination port: 54062
2	0.000128	115.155.39.93	115.155.39.112	UDP	Source port: 58459 Destination port: 54062
3	0.000216	115.155.39.93	115.155.39.112	UDP	Source port: 58459 Destination port: 54062
4	0.023720	115.155.39.112	115.155.39.93	UDP	Source port: 54062 Destination port: 58459
5	0.023735	115.155.39.2	115.155.39.255	BROWSER	Browser Election Request
6	0.048953	115.155.39.112	115.155.39.93	UDP	Source port: 54062 Destination port: 58459
7	0.068273	115.155.39.93	115.155.39.112	UDP	Source port: 58459 Destination port: 54062
8	0.068963	115.155.39.93	115.155.39.112	UDP	Source port: 58459 Destination port: 54062
9	0.069138	115.155.39.93	115.155.39.112	UDP	Source port: 58459 Destination port: 54062
10	0.069239	115.155.39.93	115.155.39.112	UDP	Source port: 58459 Destination port: 54062
11	0.069334	115.155.39.93	115.155.39.112	UDP	Source port: 58459 Destination port: 54062
12	0.100592	65.55.53.156	115.155.39.93	SSL	Continuation Data
13	0.102365	115.155.39.93	65.55.53.156	TLSv1	Client Key Exchange, Change Cipher Spec, Encry
14	0.132192	115.155.39.93	115.155.39.112	UDP	Source port: 58459 Destination port: 54062
15	0.132301	115.155.39.93	115.155.39.112	UDP	Source port: 58459 Destination port: 54062
16	0.207166	115.155.39.93	115.155.39.112	UDP	Source port: 58459 Destination port: 54062
17	0.207386	115.155.39.93	115.155.39.112	UDP	Source port: 58459 Destination port: 54062
18	0.207553	115.155.39.93	115.155.39.112	UDP	Source port: 58459 Destination port: 54062

图 7-8　数据包列表

协议树[23]列表如图 7-9 所示。通过分析此协议树，得到被捕获数据包的更多信息，如主机的 MAC 地址、IP 地址、UDP 端口号以及 UDP 协议的具体内容。

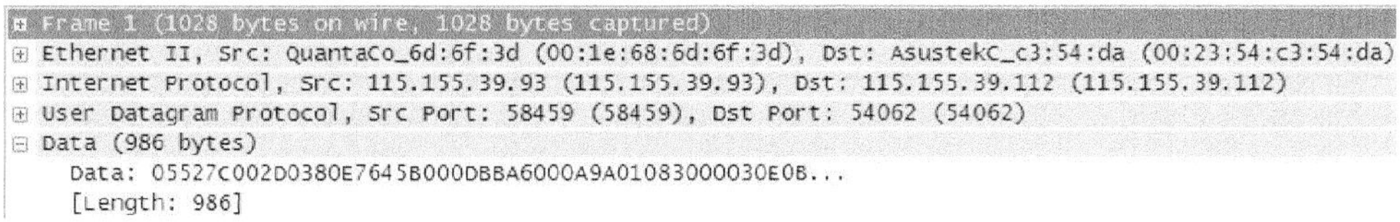

```
⊞ Frame 1 (1028 bytes on wire, 1028 bytes captured)
⊞ Ethernet II, Src: QuantaCo_6d:6f:3d (00:1e:68:6d:6f:3d), Dst: AsustekC_c3:54:da (00:23:54:c3:54:da)
⊞ Internet Protocol, Src: 115.155.39.93 (115.155.39.93), Dst: 115.155.39.112 (115.155.39.112)
⊞ User Datagram Protocol, Src Port: 58459 (58459), Dst Port: 54062 (54062)
⊟ Data (986 bytes)
    Data: 05527C002D0380E7645B000DBBA6000A9A01083000030E0B...
    [Length: 986]
```

图 7-9　协议树列表

最下方是以十六进制显示的数据包具体内容，如图 7-10 所示。这是被捕获的数据包在物理媒体上传输时的最终形式，当在协议树中选中某行时，与其对应的十六进制代码同样会被选中，方便对各种协议的数据包进行分析。

通过该工具捕获的 PCAP(网络抓包)文件内部数据如图 7-11 所示。

```
0000  00 23 54 c3 54 da 00 1e  68 6d 6f 3d 08 00 45 00   .#T.T... hmo=..E.
0010  03 f6 15 bf 00 00 80 11  eb 34 73 9b 27 5d 73 9b   ........ .4s.']s.
0020  27 70 e4 5b d3 2e 03 e2  39 f7 05 52 7c 00 2d 03   'p.[.... 9..R|.-.
0030  80 e7 64 5b 00 0d bb a6  00 0a 9a 01 08 30 00 03   ..d[.... .....0..
0040  0e 0b 02 00 00 01 00 01  86 da 38 87 87 86 d8 1a   ........ ..8.....
0050  61 17 1b 1b 88 7d bf 3b  80 5c 8c 0e b5 68 62 3e   a....}.; .\...hb>
0060  25 2f 04 7b bf ad e4 f5  75 a7 dd 1e 0a 69 6a 17   %/.{.... u....ij.
0070  d3 68 f3 28 4d 6a 3e 60  f1 b8 d8 74 0c a5 c5 eb   .h.(Mj>` ...t....
0080  cd a1 c4 38 2a 59 fc b6  d6 b5 e5 b1 b9 91 90 1b   ...8*Y.. ........
```

图 7-10　以十六进制显示的数据包具体内容

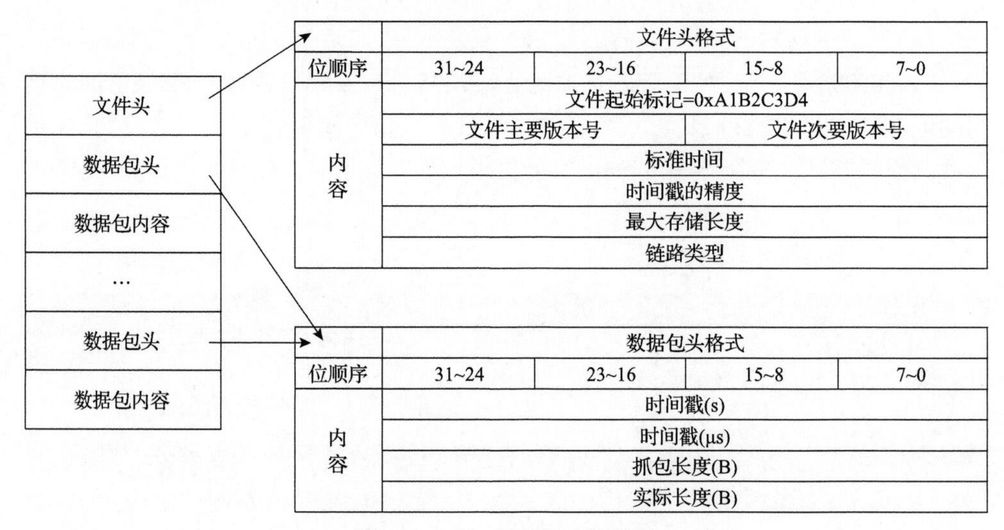

图 7-11　PCAP 文件内部数据

在文件头部信息中，magic 是 PCAP 文件标识；snaplen 是捕获数据包时每个数据包的最大长度，如果所有的数据包都捕获，那么这个值为 65535；linktype 为链路层类型标识，数据包链路层包头的类型决定了链路层类型的值。具体的文件头部结构体定义为

```
struct pcap_ file_ header{
  DWORD magic;
  ……
  DWORD snaplen; /*每个数据包的最大保存长度*/
  DWORD linktype;
};
```

在数据包头部信息中，ts 结构体的前 4 个字节表示秒数，后 4 个字节表示微秒数，caplen 为实际捕获的包长，最多是 snaplen，len 是数据包的真实长度，如果文件中保存的不是完整数据包，那么就可能比 caplen 大。具体的数据包头部结构体定义为

```
struct pcap_ pkthdr{
  struct timeval ts; /*时间戳*/
  bpf _u _int32caplen; /*实际捕获的包长*/
  bpf _u _int32len; /*数据包真实长度*/
};
struct timeval{
  long tv _sec; /*秒*/
  su sec onds_t tv_u sec; /*微秒*/
};
```

在数据包内容信息中，数据包长度由 caplen 描述，紧接着是当前 PCAP 文件中存放的下一个 Packet 数据包，也就是说，PCAP 文件里面没有规定捕获的 Packet 数据包之间的间隔字符串，也没有规定下一组数据包具体内容在文件中的起始位置，需要由第一个 Packet 数据包来确定。

7.3.2　基于滑动窗口分块的数据包分块

在冗余流量的检测过程中，关键是对数据包进行分块，如图 7-12 所示。如前所述，常用的指纹选择算法是基于固定长度的，最简单的分块算法是定长分块算法，即按照之前约定的分块长度对载荷进行分块。定长分块算法无法解决比特偏移问题，因为该算法无法有效检测数据包载荷中少量删除和增加操作，因此无法检测到重复的数据块，导致最终检测到的冗余数据块数量少。为此，本节介绍基于滑动窗口分块的数据包分块算法。

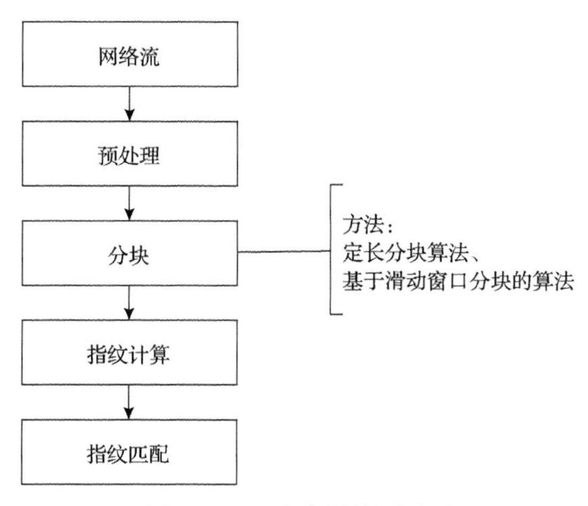

图 7-12　冗余流量检测过程

首先定义用来衡量指纹选择算法性能的指标，即指纹算法的稳定性。考虑定长分块算法，把一个数据包 A 经 F 分块成集合 $A=\{A_1, A_2, \cdots, A_n\}$，若把数据包 A 的载荷经过小范围改动后的文件称为 A'，用 F 对 A' 进行分块，分块集合 A' 与分块集合 A 之间大部分是重合的。

若数据包载荷经过定长分块算法分块之后被分成了 5 个固定大小的数据块，当在 A_4 和 A_5 之间增加新内容时，用定长分块算法对数据包载荷进行定长分块之后，只能检测到 3 块重复数据块，如图 7-13 所示。

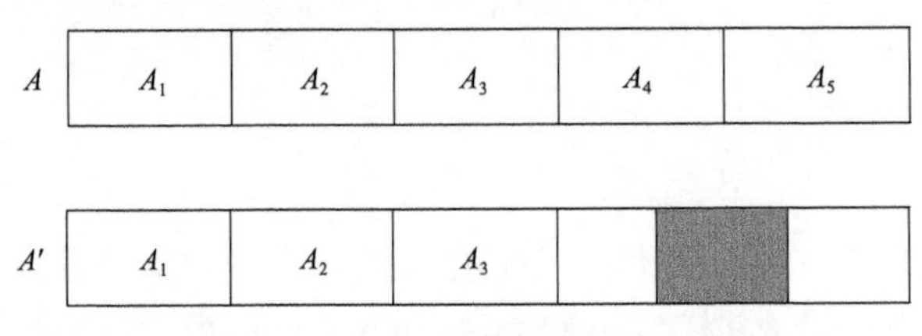

图 7-13　A 与 A' 数据块内容对比

如果在数据包载荷的头部加入新内容，那么经过定长分块算法分块之后，能够检测到的重复数据块为 0，如图 7-14 所示。所以用定长分块算法对数据包载荷进行分块并检测得到少量修改的结论不准确。因为实际只修改了少量的内容，但造成了检测效果的巨大差别。

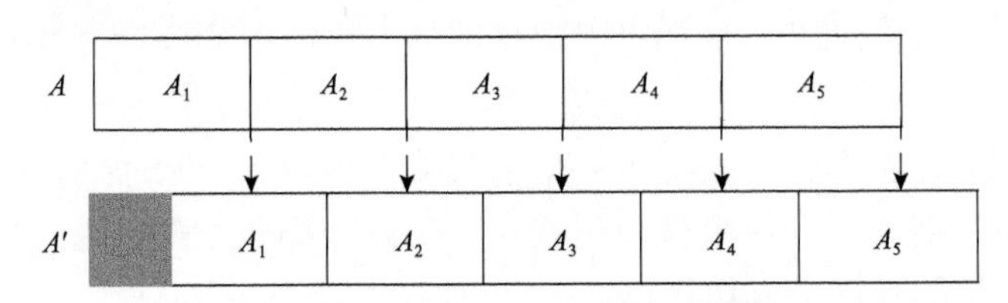

图 7-14　A 与 A' 无相同内容数据块

下面介绍基于滑动窗口分块的冗余流量检测方法，它是基于内容分块的方法。与使用固定长度分块不同，这种方法采用弱哈希函数来确定两个分块之间的边界，因此分块的长度是不固定的。只有当弱哈希函数满足预设条件时，才会计算两个分块间的强哈希值，最后将该强哈希值作为代表指纹。

$P_i(i=1, 2, 3, 4)$ 是数据包载荷经过滑动窗口分块之后的数据包载荷分块情况，数据包载荷 P_1 被分成了大小不等的 6 个分块；P_2 是在原来数据包载荷 C_4 中增加了新的内容，当再次用算法进行滑动分块时，计算其弱哈希值，新增加了内容，导致弱哈希值不满足预设条件，但没有影响到后续的分块，同样 C_5 和 C_6 都能被识别出来；数据包载荷 P_3 新增加内容的弱哈希值满足预设分界条件，原来的 C_4 被分成了 2 个新的数据块，后面的数据分块没有受到影响；数据包载荷 P_4 说明的是另外一种情况，即当新增加的内容在数据块 C_3 尾部并计算其弱哈希值时，必然会导致其哈希值的变化，这样便不满足分界点的条件，于是分界点消失，但同样后面的分块也能识别，具体情况如图 7-15 所示。从上面的分析得出，基于滑动窗口分块的冗余流量检测算法十分稳定，当有少量内容修改的时候，最多只影响原来的数据块，并不会影响后续的载荷分块。

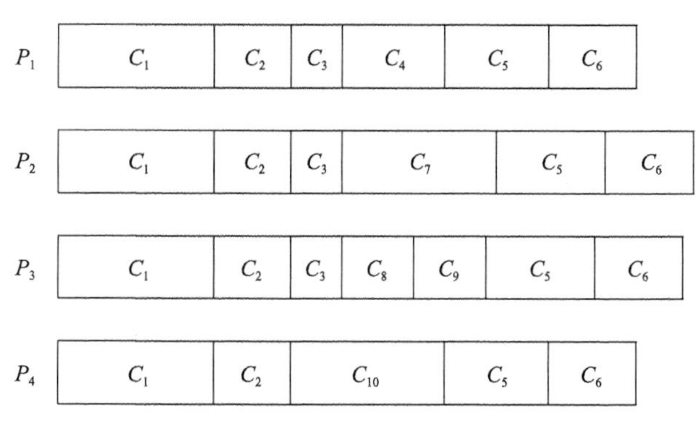

图 7-15　采用滑动窗口分块的情况

具体算法描述如下。

基于滑动窗口分块的冗余流量检测算法如图 7-16 所示。f 是指纹算法，l 是窗口大小，k 和 r 是整数（r 用 k 位二进制表示），那么对于字符串系列 $S = s_1, s_2, \cdots, s_n$，如果 S 的长度为 l 的某一子串 $W = s_k, s_{k+1}, \cdots, s_{k+l-1}$ 满足 $f(A)$ 的低 k 位等于 r，则 W 为字符串系列 S 中的一个数据分块。

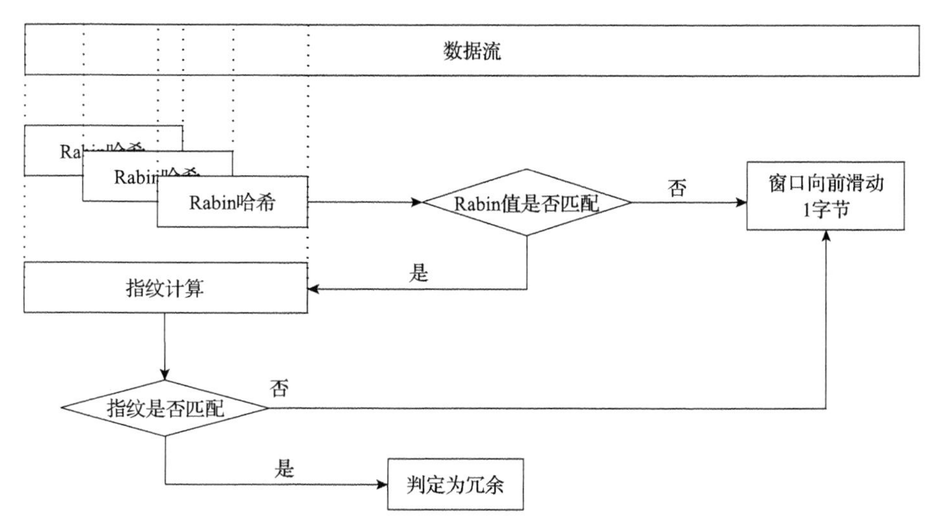

图 7-16　基于滑动窗口分块的冗余流量检测算法示意图

在寻找数据块的分界点时用到弱哈希值，它需要满足以下两个规则。

(1)哈希值不同时，内容一定不同；哈希值相同时，内容不一定相同。

(2)为了防止数据包分块变得异常大，弱哈希值应尽可能冲突。

在弱哈希的选择上使用 Rabin 哈希。使用滑动窗口的方式对数据进行分块，每个分块经过映射得到一个哈希码。具体来说：假设 $A=(a_1,a_2,\cdots,a_m)$ 是包含 m 个二进制字符的字符串，那么根据 A 构造相应的 $m-1$ 次幂的多项式，其中 t 是不定元，如式(7-1)所示：

$$A(t)=a_1t^{m-1}+a_2t^{m-2}+\cdots+a_m \tag{7-1}$$

给定一个度为 k 的多项式 $P(t)$，如式(7-2)所示：

$$P(t)=b_1t^k+b_2t^{k-1}+\cdots+b_{k-1}t+b_k \tag{7-2}$$

那么 $A(t)$ 除以 $P(t)$ 的余数 $f(t)$ 的度数为 $k-1$。对于给定的字符串 A，定义 A 的指纹 $f(A)$ 如式(7-3)所示：

$$f(A)=A(t)\bmod P(t) \tag{7-3}$$

Rabin 哈希具有以下性质。

(1)如果字符串 A 的指纹和字符串 B 的指纹不相同，那么字符串 A 和字符串 B 也不相同，即若 $f(A)\neq f(B)$，则 $A\neq B$。

(2)如果字符串 A 的指纹和字符串 B 的指纹相同，那么字符串 A 也有可能不等于字符串 B，满足强冲突的条件，即不同字符串产生相同的指纹。

由以上两个性质得出：Rabin 指纹满足基于滑动窗口分块的冗余流量方法检测需要的弱哈希机制的要求。因此利用 Rabin 哈希来实现基于滑动窗口分块的冗余流量检测算法的分界点查找过程，如图 7-17 所示。

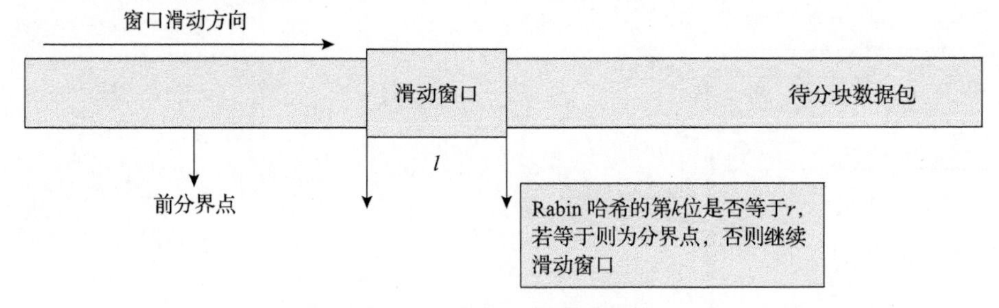

图 7-17　分界点查找示意图

选择 Rabin 哈希的另一个重要原因是，当利用 Rabin 哈希计算指纹时，从上一个滑动窗口内容的弱哈希值可得到下一个滑动窗口内容的弱哈希值，这将提高检测的效率。具体分析如下。

设 $W_i=A_i,A_{i+1},\cdots,A_{i+l-1}$ 为落入第 i 个窗口的长度为 l 字节的字符串，其中 $A_k=(a_{k,1},a_{k,2},\cdots,a_{k,8})(k=1,2,\cdots,i,\cdots)$ 为第 k 个字节，$A_k(t)=a_{k,1}t^7+a_{k,2}t^6+\cdots+a_{k,8}$ 为

A_k 对应的 $\mathbb{Z}_2$ 上的多项式。则有

$$\begin{aligned} f(W_i) &= W_i(t) \bmod P(t) \\ &= (A_i(t)t^{8(l-1)} + A_{i+1}(t)t^{8(l-2)} + \cdots + A_{i+l-1}(t)) \bmod P(t) \end{aligned} \tag{7-4}$$

在得到了 $f(W_i)$ 值的情况下，下一个窗口 W_{i+1} 的 Rabin 指纹便能通过式(7-5)得到

$$\begin{aligned} f(W_{i+1}) &= W_{i+1}(t) \bmod P(t) \\ &= (A_{i+1}(t)t^{8(l-1)} + A_{i+2}(t)t^{8(l-2)} + \cdots + A_{i+l}(t)) \bmod P(t) \\ &= (W_i(t)t^8 - A_i(t)t^{8l} + A_{l+1}(t)) \bmod P(t) \\ &= f(f(f(W_i) - f(A_i(t)t^{8(l-1)}))t^8 + A_{l+1}(t)) \end{aligned} \tag{7-5}$$

7.3.3　检测性能参数分析

基于滑动窗口分块的冗余流量检测算法中使用的滑动窗口大小为 l ，且有预设的整数 r 和 k ，其中 r 用 k 位二进制表示。同时，做了如下规定以避免出现数据块过大或过小的情况：

(1)当数据包载荷的实际长度小于滑动窗口长度时，退出找分界点的过程，并把当前数据包载荷作为一个数据块来计算其弱哈希值；

(2)当数据包载荷中出现过密的数据块时，丢弃部分分界点，并规定最小数据包载荷分块，其大小为 mB；

(3)若长时间未找到分块节点，除利用弱哈希的强冲突特性来保证出现过大数据块之外，当存在从上一个分界点到此数据块大小为 mB 的情况时，则直接对当前数据块计算其弱哈希值，即设定了数据分块的上界。

1)滑动窗口大小

实验设置三个滑动窗口来测试不同窗口对冗余流量检测效果的影响，其取值分别为 16B、32B 和 48B。实验对象是使用网络数据采集工具采集某时段内持续一个小时的数据，共计 27.5GB，实验数据如表 7-1 所示。对实验结果分析可得：滑动窗口大小的取值对冗余流量检测效果影响较小。在选择分块算法的滑动窗口

表 7-1　冗余流量测试实验数据

窗口大小/B	冗余流量/GB	冗余度/%
16	9.504	34.56
32	9.474	34.61
48	9.537	34.58

大小时，更应该以数据包载荷分块为依据进行衡量。如果窗口值过小，就会造成分块后的数据块与数据包载荷内容的相关性降低；反之，如果窗口值过大，则每次使用 Rabin 哈希计算其弱哈希值的时间就会相应延长。

2）数据块平均大小

数据包载荷最后的平均分块取值是基于滑动窗口分块的冗余流量检测算法中的一个关键参数，它由预设的 k 表示。当计算某个数据块的弱哈希时，取其中低 k 位来计算其十进制的表示，假设 k 位二进制的 0、1 服从随机分布，则每 2^k 个弱哈希就产生一个与预设值 r 相等的分界点，即数据块平均大小为 2^k/8B。实验中取三个不同的测试数据以检测数据块平均大小对冗余流量检测效果的影响，其大小分别是 64B、128B 和 256B。

数据块平均大小对应的 k 值分别是 9、10、11。实验中使用的测试数据源与滑动窗口实验中使用的数据源为同一数据源。实验数据如表 7-2 所示。

表 7-2 数据块平均大小对冗余流量检测的影响

数据块平均大小/B	冗余流量/GB	冗余度/%
64	9.504	36.46
128	9.474	35.61
256	9.537	35.28

对实验结果进行分析，得出数据块平均大小（k 值）对冗余流量检测的效果产生以下影响：当数据块平均大小较大（k 值较大）时，冗余流量的检测效果较差，即检测到的冗余流量较多。反之，当数据块平均大小较小（k 值较小）时，冗余流量的检测效果较好，这是因为分块后的内容更短，提高了数据块匹配的重复概率。

然而，数据块平均大小较小却引入了另一个问题：当分块的数据越多时，必然会造成更多的计算负担，因为数据的指纹库和数据块库的数量都在增加，需要更多的时间去查找匹配的指纹，从而降低了指纹匹配速度。因此，在冗余流量抑制的过程中，需要权衡时间和检测效果，以找到适当的数据块平均大小（k 值），达到兼顾效率和准确性的目的。

7.3.4 校园网冗余流量分布分析

网络中重复传输的载荷部分称为冗余流量，而信息网络传输的重复流量占网络数据传输总量的比例称为冗余度。在分析了某一天的网络流量后，得到了校园网冗余度，如图 7-18 所示。由图可知，从 7 点开始，冗余度呈波动性增加，到了 22 点，开始持续回落，12 点～22 点，有 3 个明显的高峰值，分别是 12 点、16

点和 22 点。

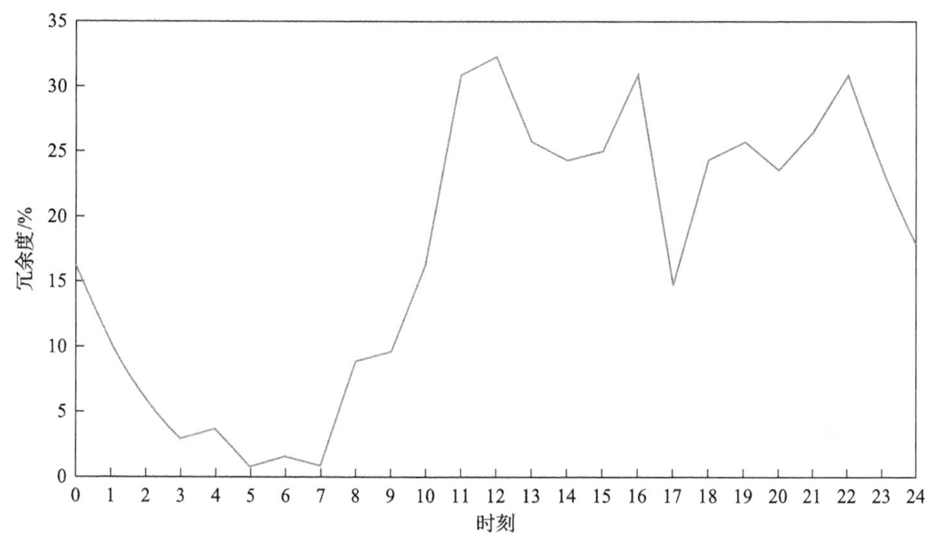

图 7-18　校园网某天的冗余度分布

造成网络流量重复传输的原因是少量相同数据块的大量传输，还是大量的相同数据块的少次传输？若是前者，那么在进行冗余流量消除部署时，空间小的数据包库就可以用来保存和识别这些少量相同的数据块；若是后者，那么就需利用空间大的数据包库来保存这些大量相同的数据块。为此跟踪每个匹配数据块并统计了每个数据块被匹配成功的次数，如图 7-19 所示，以每个数据块匹配成功的次数排名高低为横坐标，以对应的数据块被匹配成功的次数为纵坐标，由图可知这

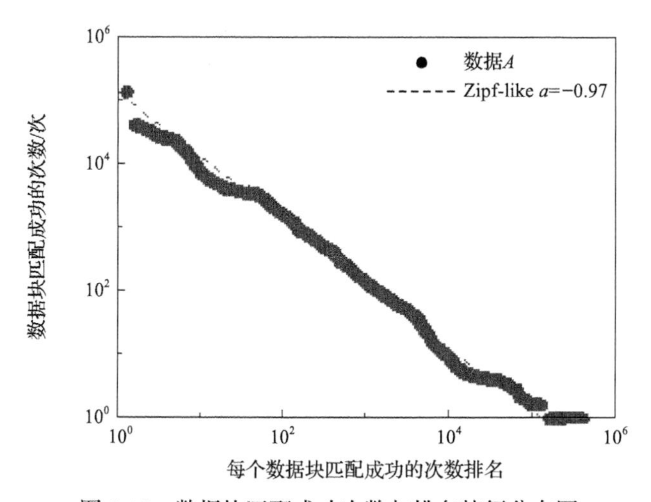

图 7-19　数据块匹配成功次数与排名特征分布图

个线性的双对数坐标图符合 Zipf-like 分布。

重复数据块对冗余流量消除贡献的百分比如图 7-20 所示。以重复数据块被匹配的次数高低的百分比排名为横坐标，以该数据块对冗余流量消除的贡献百分比为纵坐标。从图中很明显地发现，约 80%的冗余流量消除贡献来自 20%的数据块；另外，为了获得剩余 20%的冗余流量消除贡献，需要保留 80%的重复数据块。这意味着小缓存能获得大部分的冗余流量消除效果，但如果想获得完整的冗余流量消除贡献，则需要大量的缓存。所以在后面的冗余流量消除中采取了较小缓存策略来进行冗余流量消除以达到最佳的效果。

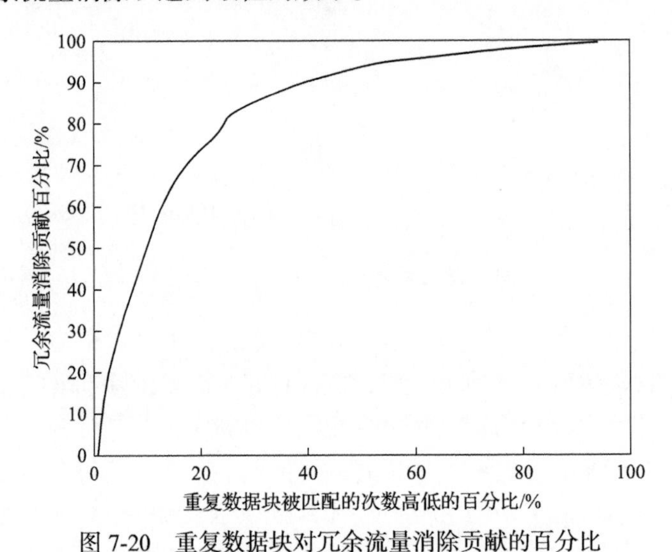

图 7-20　重复数据块对冗余流量消除贡献的百分比

7.4　基于分组特性的冗余流量消除

在传统的 PIRE 方法中，冗余流量消除策略的选择通常只针对具体冗余对象，并没有充分挖掘网络数据包的流量特征及冗余流量特性[24,25]。本节在充分挖掘校园网流量特性的基础上，提出了基于分组特性的冗余流量消除(packet-feature-based redundancy traffic elimination，PFRTE)算法。该算法以提高字节节省比和降低处理器运行时间为目标。以对冗余流量消除贡献度较大的数据包的载荷大小为阈值，利用滑动窗口来寻找数据块的分界点，对两个分界点间的载荷进行分块并完成指纹计算。

7.4.1　网络数据采集和分析

网络流量实时、高效、准确地抓取是对冗余流量进行分组特性分析及冗余抑制的重要前提。本节使用 Linux 平台下的数据包捕获函数库 LibPcap。网络数据流正常到达主机的顺序依次是网卡、网络驱动层、数据链路层，最后是 IP 层及应用层。LibPcap 的数据包捕获机制是在数据流到达数据链路层时进行数据复制，这样不会影响正常的数据流传输。采集到的数据源信息如表 7-3 所示。

表 7-3　统计数据源信息

数据源	时间段	时长/h	大小/GB
A	9 点～10 点	1	37.5
B	9 点～10 点	1	27.5
C	9 点～21 点	12	20

网络流量分析的步骤如下。

(1)滤去网络的流量噪声，例如：地址解析协议(address resolution protocol，ARP)、互联网控制报文协议(internet control message protocol，ICMP)等流量，即与网络分组特性不相关的协议流量。

(2)为了减少计算量，对于应用层以下的网络信息，只提取了实验关注的流信息(如源/目的 IP 地址、源/目的端口号、协议类型)。

(3)设置载荷分组基础字节的大小为 $c = 64\text{B}$ ，将 N 个数据包划分为 $X = 25$ 组，$X = \lceil s/c \rceil$，其中 s 表示最大传输单元的大小，$\lceil \cdot \rceil$ 表示向上取整；在第 x 个分组中数据包的载荷大小范围为 $[(x-1)c, xc]$， x 的取值范围为 $x = 1, 2, \cdots, X$ 。

(4)第 x 个分组中数据包出现的次数记为 p_x ，构建次数向量 $p = [p_1, p_2, \cdots, p_x, \cdots, p_X]$，载荷大小向量 $m = [c, 2c, \cdots, xc, \cdots, Xc]$，计算载荷总量 $M = p \times m^{\mathrm{T}}$，其中上标 T 表示转置。

(5)计算各数据包的数据量概率 $v_x = (p_x xc)/M$ 。

(6)前 x 个分组的数据量累积概率为 $V_x = \sum_{x=1}^{X} v_x$ ，选择小于等于预设数据量累积概率阈值 V_T 的所有数据量累积概率中的最大值，将其对应分组的载荷上限 xc 作为数据包冗余流量消除的载荷阈值 T 。

7.4.2　分组特性分析

数据包在网络中传输时的长度具有双峰分布特性。约 50%的数据包长度接近网络最大传输长度(maximum transmission unit，MTU)，约 40%的数据包长度只有 40B 左右，其余约 10%的数据包长度随机分布在 40B 到最大传输长度之间。在 40B 处出现波峰的原因是 TCP 应答数据包在网络流量中的比例较高。

由数据源组成的校园网流量数据包长分布如图 7-21 所示。其中横轴为数据包长，纵轴为不同数据包长的数据包总数占所有数据包总数的比例，由图可知网络流量的数据包长分布明显呈现双峰分布特性。网络最大传输长度为 1500B 的数据包数量占比为 22%左右，当包长为 40B 时，还存在另一个数据包长分布波峰，这说明校园网中数据包长分布也具有双峰分布特性。

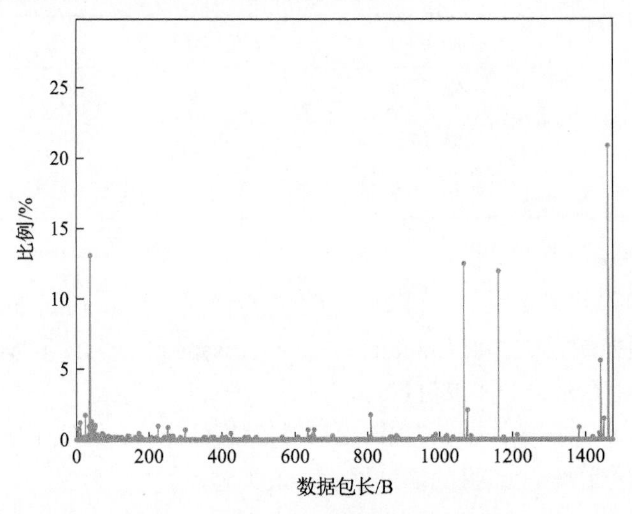

图 7-21　校园网流量数据包长分布

对每个到来数据包的有效载荷进行分组处理，得到了各个数据源的数据包双峰分布特性，如图 7-22 所示。由图可知，网络数据包符合双峰分布特性，载有少量载荷的数据流和满载荷的数据流占据了网络 90%的数据流量。

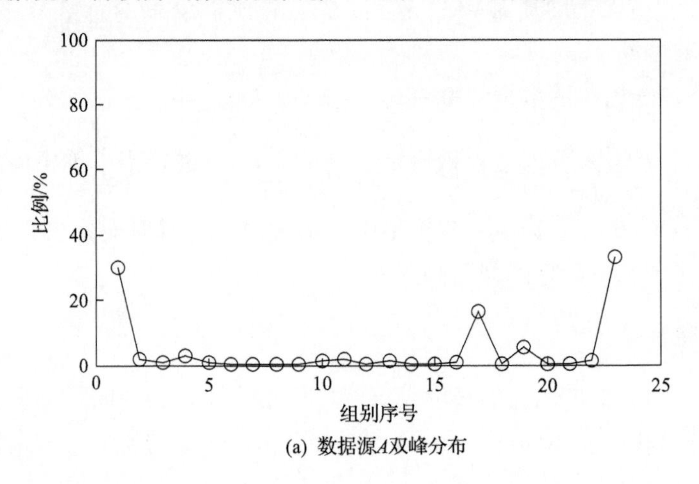

(a) 数据源*A*双峰分布

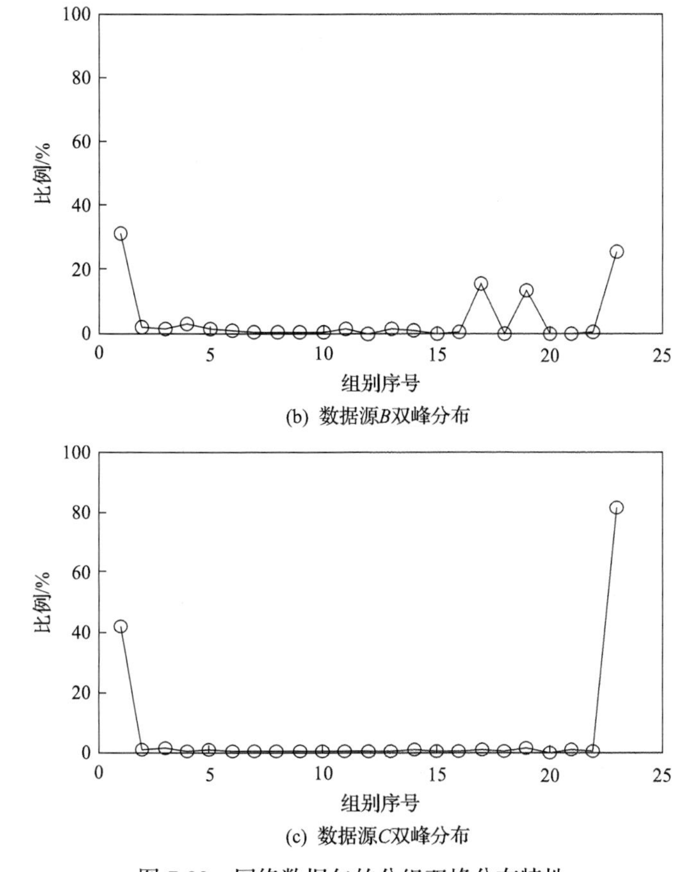

(b) 数据源B双峰分布

(c) 数据源C双峰分布

图 7-22　网络数据包的分组双峰分布特性

图中横坐标取到了 25 组，但是实际数据只到 23 组，式(7-6)和式(7-7)还是按 25 组计算的。其余情况类同

假设 25 组不同载荷长度的数据流出现次数和载荷大小表达式如式(7-6)和式(7-7)所示：

$$p=[p_1,p_2,\cdots,p_{25}] \tag{7-6}$$

$$m=[64\times 1,64\times 2,\cdots,64\times 25] \tag{7-7}$$

其中，p 表示不同分组出现的次数，由式(7-6)和式(7-7)得到载荷大小总量，如式(7-8)所示：

$$M = p\times m \tag{7-8}$$

再由式(7-6)～式(7-8)可以得出不同分组载荷所占比例，如式(7-9)所示：

$$M_p=[p_1\times 64,p_2\times 64\times 2,\cdots,p_{25}\times 64\times 25]/M \tag{7-9}$$

根据数据源 A 的双峰分布，此时 $p_1 = 0.32, p_{17} = 0.22, p_{19} = 0.1, p_{23} = 0.35$，其中，一半数量的数据包是满载荷传输的，其余只带有少量的载荷，如图 7-23 所示。TCP 确认信息、控制信息以及安全协议信息等流量是造成双峰分布的主要原因，它们同样导致了大量数据包只携带少量有效荷载。当传输实际内容时，传输层将数据划分成以满足网络层最大传输单元的分组进行传输，这就导致了有接近一半数量的数据包携带了大量有效载荷。图 7-23 中的数据量概率曲线展示了分组数据

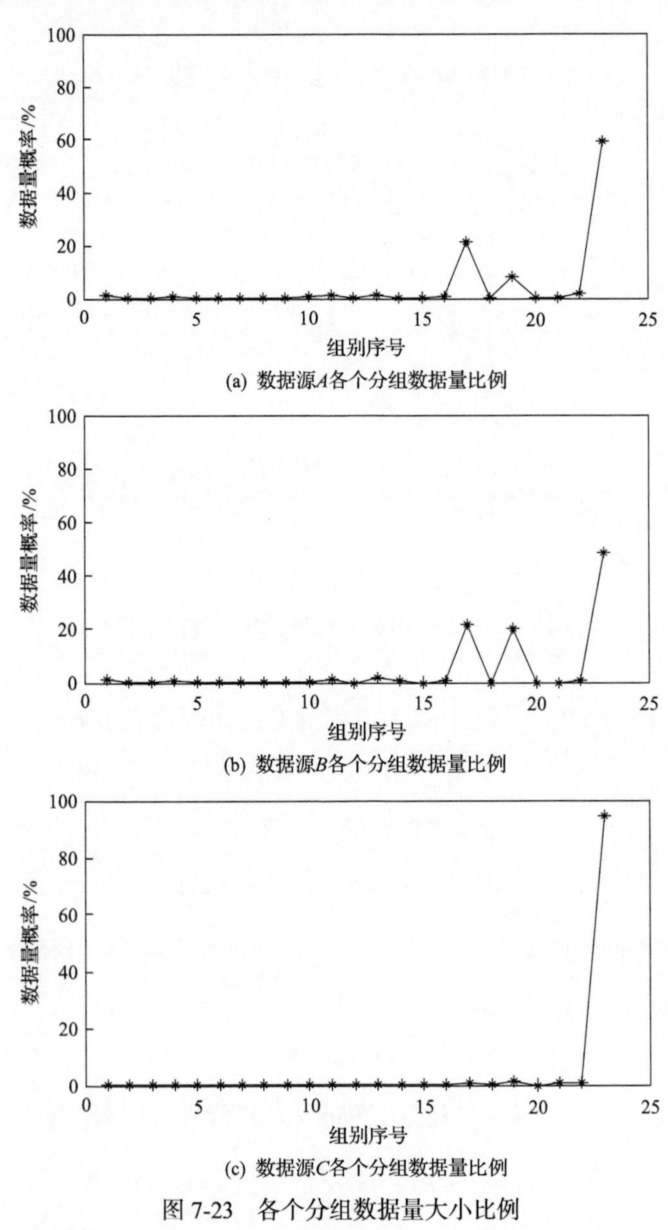

(a) 数据源A各个分组数据量比例

(b) 数据源B各个分组数据量比例

(c) 数据源C各个分组数据量比例

图 7-23　各个分组数据量大小比例

量占总数据量的比例分布情况。

图 7-23 和式(7-9)得出此时 $M_1=0.06, M_{17}=0.26, M_{19}=0.09, M_{23}=0.67$。由数据量概率分布得到分组的累积概率，从而得到数据包分组特性，如图 7-24 所示。由图可知，虽然带有少量信息的数据包接近总数据包数量的 50%，但是这一半数

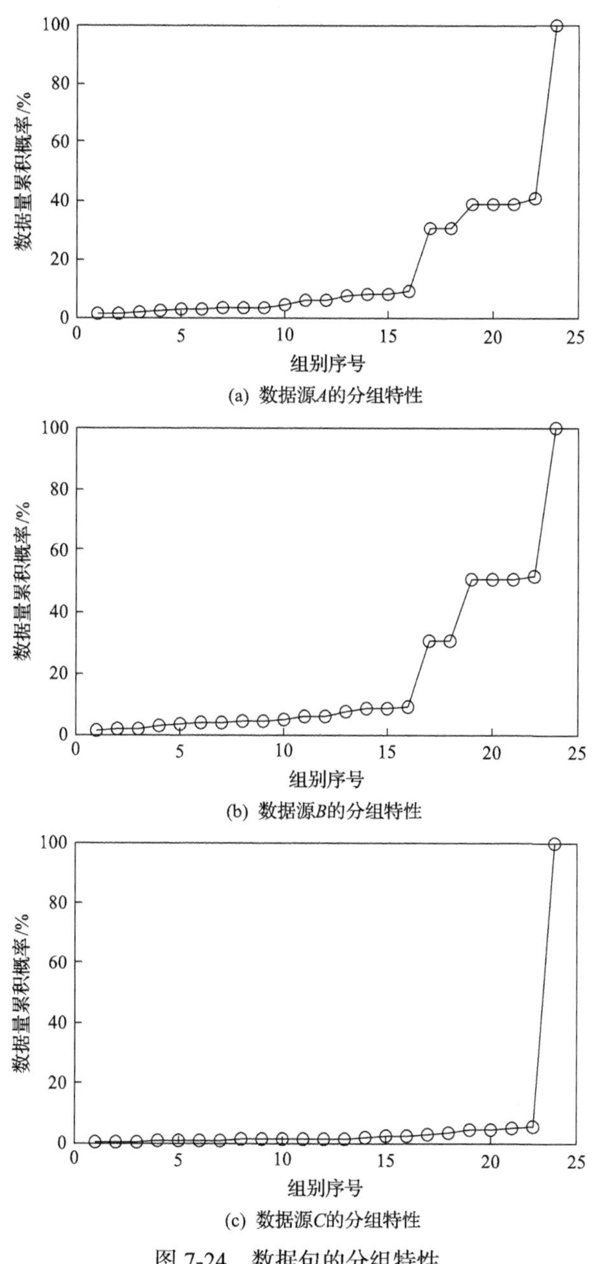

(a) 数据源A的分组特性

(b) 数据源B的分组特性

(c) 数据源C的分组特性

图 7-24 数据包的分组特性

据包及第 17 分组之前的数据包占总冗余流量的比例较小。因此，将此部分数据称为对冗余流量消除无用的数据。在基于分组特性的网络冗余流量消除算法中，将该部分对冗余流量消除贡献较小的数据包忽略，由图 7-24(a)可知被忽略的数据包对冗余流量消除效果几乎没有影响，其优点是有接近 2/3 的数据包无须处理，这样不仅提高了冗余流量消除的效率，也提高了 CPU 利用率。由图 7-24 所示的数据包分组特性分析可知，数据量累积概率阈值 V_T 的取值范围为 $0.15 \leqslant V_T \leqslant 0.4$。

7.4.3　冗余流量消除系统模型

基于校园网的冗余流量消除系统模型主要分为 4 个模块，如图 7-25 所示。

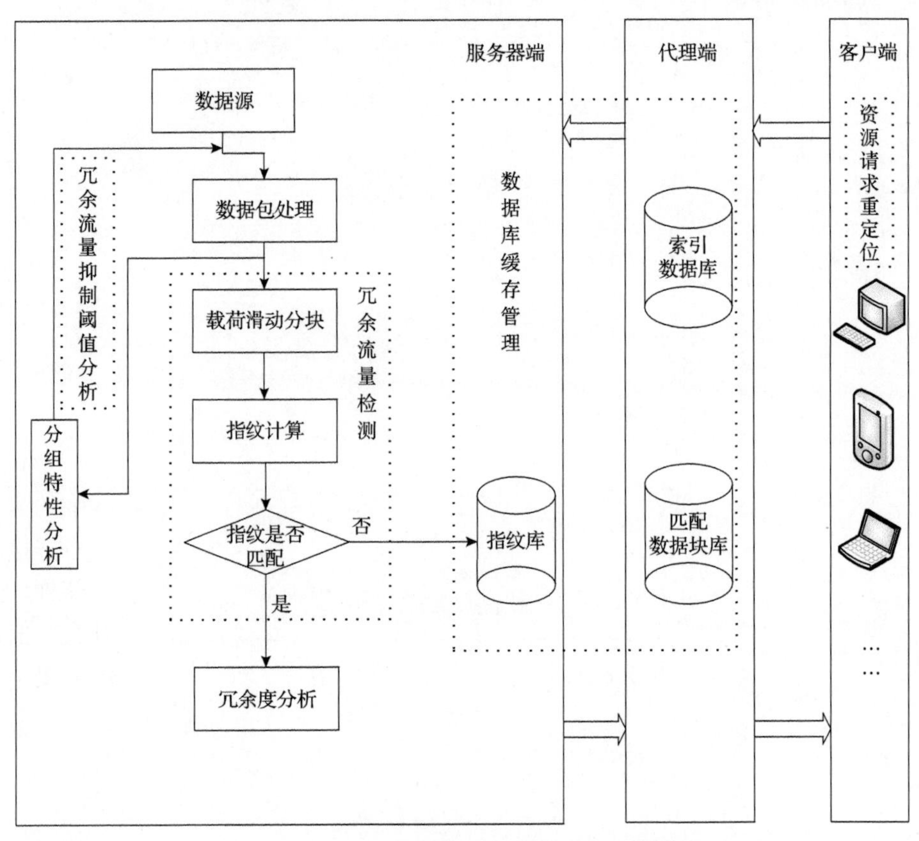

图 7-25　基于校园网的冗余流量消除系统模型

(1)冗余流量检测模块：冗余流量检测是冗余流量消除的关键部分，冗余流量检测效果的好坏会直接影响冗余流量消除的效果。从模型中得到冗余流量检测主要分为载荷滑动分块、指纹计算和指纹匹配。

①载荷滑动分块：利用滑动窗口和 Rabin 弱哈希冲突强的特点来确定分块的

边界。

②指纹计算：利用强哈希函数来计算分块的指纹。在指纹相同的情况下，保证了数据块内容一定相同的准确性。

③指纹匹配：在块匹配算法检测出两个数据包中相同数据片段后，不需要再向左或向右拓展相同长度的数据片段。指纹所代表的数据片段被认为是检测出的一个完整重复片段。因此，在服务器端不需要数据包库，只需要指纹库，而在客户端也不需要数据包库，取而代之的是数据块库。服务器端需要知道每一个数据块在客户端数据块库中的位置，当检测到匹配的指纹时，只需要告诉用户终端从数据块库的什么位置来还原数据包。

(2) 数据库缓存管理模块：从 7.3.4 节的校园网冗余流量分布中可知，为了获得剩余 20%的冗余流量消除贡献，需要保留 80%的重复数据块。这表明少量缓存能达到大部分的冗余流量消除效果，但要获得完整的冗余流量消除贡献则需要大量缓存。因此选择采用少量缓存来进行冗余流量消除以达到最佳的消除效果，其中指纹库存放的是每一个冗余块的哈希指纹；匹配数据块库存放的是每一个数据块的原始内容；索引数据库存放的是指纹库中每一个指纹在匹配数据块库中的映射关系。

(3) 冗余流量抑制阈值分析模块：计算前 x 个分组的数据量累积概率 $V_x = \sum_{x=1}^{X} v_x$，选择小于等于预设数据量累积概率阈值 V_T 的所有数据量累积概率中的最大值，以其对应分组的载荷上限 xc 作为数据包冗余流量消除的载荷阈值 T。

(4) 资源请求重定位模块：对某个域所有客户端指定一个代理服务器，当客户端请求远端服务器的内容时，由代理服务器向远端服务器请求资源，在代理服务器端进行解码操作后，再由代理服务器向客户端传输请求的内容。

7.4.4　关键算法描述

基于分组特性的冗余流量消除算法，动态统计一段时间内的网络流量分组特性，找出对冗余流量消除贡献度大的数据包载荷大小，利用滑动窗口和弱哈希计算找出分块的边界点，最后计算出分块内容的指纹。具体过程如算法 7-2 所示。

(1) 对数据流载荷长度进行判断，如果大于 X，则判定为对冗余流量消除贡献度大的数据流，否则抛弃。其中 X 表示贡献度大的数据流载荷的最小长度，如图 7-24 (a) 所示，X 表示 1088B，X 是在动态统计分析网络流量双峰分布和分组特性的基础上得出的。

(2) 对数据包载荷进行分块，分块方法包括以下步骤。

①预设两个正整数 k、r，设置滑动窗口大小为 Q 字节，以载荷起点为窗口滑

动起点。

②令滑动窗口从滑动起点开始，以 1B 为步长在载荷上滑动，每滑动一次即计算该窗口内数据的弱哈希值 $f(Q)$。如果 $f(Q)$ 的 k 等于 r，则以本次滑动起点作为数据块起点，当前滑动窗口的末字节 K 作为数据块终点，进入步骤③；否则继续滑动。

③判断是否分块完毕。如果完毕，结束载荷分块进入步骤④；否则，令起点为 $K+1$ 字节，返回步骤②定位下一个数据块。

④计算两个分界点数据库块内容的哈希值作为其指纹，并和指纹库中的指纹进行匹配。如果成功，则代表之前传输过相同的数据块，只需要传输其哈希值的元数据；否则，保存新的指纹到指纹库。

算法 7-2 基于分组特性的冗余流量消除算法

```
1://假设 len>Q;
2:PFRTE(data,len)
3:if(len ⩾ X)
4:   for i = 1; i < len − w + 1 do
5:      fingerprinthead = RabinHash(data[i : i + w − 1]);
6:      if(fingerprinthead mod p == 0) then
7:         for j = i+1; j < len − w +1 ; j++ do
8:            fingerprinttail = RabinHash(data[j : j + w − 1]);
9:           if(fingerprinttail 低 k 位==r) then
10:              选择数据段 data[i : j] 并存储哈希(data[i:j])值在哈希表中
11:              i + = (j − i +1);
12:           end if
13:        end for
14:     end if
15:  end for
16: end if
```

参考文献

[1] 俞立平，舒光美. 一种期刊评价指标数据冗余消除法：独立信息测度. 现代情报，2023, 43(5): 114-122.

[2] Abdelfatah R I, Baka E A, Nasr M E. Keyed parallel hash algorithm based on multiple chaotic

maps(KPHA-MCM). IEEE Access, 2021, 9: 130399-130409.

[3] Singh H J, Bawa S. LaMeta: An efficient locality aware metadata management technique for an ultra-large distributed storage system. Journal of King Saud University-Computer and Information Sciences, 2022, 34(10): 8323-8335.

[4] Li C G, Huang H, Liao B W. An improved fingerprint algorithm with access point selection and reference point selection strategies for indoor positioning. Journal of Navigation, 2020, 73(6): 1182-1201.

[5] Odeh S, Green O, Mwassi Z, et al. Merge path-parallel merging made simple//International Parallel and Distributed Processing Symposium Workshops & PhD Forum, Shanghai, 2012: 1611-1618.

[6] Pustišek M, Dolenc D, Kos A. LDAF: Low-bandwidth distributed applications framework in a use case of blockchain-enabled IoT devices. Sensors, 2019, 19(10): 2337.

[7] Wang Y F, Tang S J, Tan C C. Elastic data routing in cluster-based deduplication systems//2014 IEEE Conference on Computer Communications Workshops(INFOCOM WKSHPS), Toronto, 2014: 117-118.

[8] 丁建立，李慧. 基于持久性内存的民航重复数据删除方法. 现代电子技术, 2022, 45(10): 131-136.

[9] 崔兴华，杜晓黎，赵晓睿. 重复数据检测在多版本数据备份中的应用. 计算机应用研究, 2009, 26(1): 206-208, 220.

[10] Jyoti A, Chauhan R K. A blockchain and smart contract-based data provenance collection and storing in cloud environment. Wireless Networks, 2022, 28(4): 1541-1562.

[11] Giroire F, Moulierac J, Phan T K, et al. Minimization of network power consumption with redundancy elimination. Computer Communications, 2015, 59: 98-105.

[12] Zhang L Y, Zhao J B, Li W. Online and unsupervised anomaly detection for streaming data using an array of sliding windows and PDDs. IEEE Transactions on Cybernetics, 2021, 51(4): 2284-2289.

[13] 顾爱华. 移动网络服务信息传输中冗余量消除方法研究.计算机仿真, 2016, 33(11): 294-297.

[14] 脱立恒，倪宏，刘学. 一种网络冗余流量消除算法. 西安交通大学学报, 2013, 47(4): 22-27.

[15] Geyer F, Scheffler A, Bondorf S. Network Calculus with flow prolongation–A feedforward FIFO analysis enabled by ML. IEEE Transactions on Computers, 2023, 72(1): 97-110.

[16] Friedlander E, Aggarwal V. Generalization of LRU cache replacement policy with applications to video streaming. ACM Transactions on Modeling and Performance Evaluation of Computing Systems, 2019, 4(3): 1-22.

[17] Fatale S, Prakash R S, Moharir S. Caching policies for transient data. IEEE Transactions on

Communications, 2020, 68(7): 4411-4422.

[18] Hasslinger G, Heikkinen J, Ntougias K, et al. Optimum caching versus LRU and LFU: Comparison and combined limited look-ahead strategies//2018 16th International Symposium on Modeling and Optimization in Mobile, Ad Hoc, and Wireless Networks, Shanghai, 2018: 1-6.

[19] Qiu J, Liu S Q, Chen L. Concatenated reed-Solomon/spatially coupled LDPC codes//2019 11th International Conference on Wireless Communications and Signal Processing, Xi'an, 2019: 1-6.

[20] An X G, Qu L L, Yan H. A study based on self-similar network traffic model//2015 Sixth International Conference on Intelligent Systems Design and Engineering Applications, Guiyang, 2015: 73-76.

[21] Ye J, Fei G L, Zhai X M, et al. Network topology inference based on subset structure fusion. IEEE Access, 2020, 8: 194192-194205.

[22] Sandhya S, Purkayastha S, Joshua E, et al. Assessment of website security by penetration testing using Wireshark//2017 4th International Conference on Advanced Computing and Communication Systems, Coimbatore, 2017: 1-4.

[23] Hougaard H B, Miyaji A. Authenticated logarithmic-order supersingular isogeny group key exchange. International Journal of Information Security, 2022, 21(2): 207-221.

[24] 贺建英. Rabin 指纹去重算法在搜索引擎中的应用. 计算机系统应用, 2015, 24(7): 128-131.

[25] Sivanathan A, Gharakheili H H, Loi F, et al. Classifying IoT devices in smart environments using network traffic characteristics. IEEE Transactions on Mobile Computing, 2019, 18(8): 1745-1759.